KB244819

아무도 **풀지 못한** 문제

아무도 풀지 못한 문제

1판 1쇄 발행 | 2007. 5. 30.
1판 14쇄 발행 | 2021. 6. 1.

박영훈 글 | 김학수 그림

발행처 김영사 | 발행인 고세규
등록번호 제 406-2003-036호
등록일자 1979. 5. 17.
주   소 경기도 파주시 문발로 197(우-10881)
전   화 마케팅부 031-955-3100 편집부 031-955-3113~20
팩   스 031-955-3111

© 2007 박영훈, 김학수
이 책의 저작권은 저자에게 있습니다. 저자와 출판사의 허락 없이 내용의 일부를 인용하거나
발췌하는 것을 금합니다.

값은 표지에 있습니다.
ISBN 978-89-349-25507 43410

좋은 독자가 좋은 책을 만듭니다. 김영사는 독자 여러분의 의견에 항상 귀 기울이고 있습니다.
전자우편 book@gimmyoung.com | 홈페이지 www.gimmyoungjr.com

어린이제품 안전특별법에 의한 표시사항
제품명 도서 제조년월일 2021년 6월 1일 제조사명 김영사 주소 10881 경기도 파주시 문발로 197
전화번호 031-955-3100 제조국명 대한민국 ⚠주의 책 모서리에 찍히거나 책장에 베이지 않게 조심하세요.

수학은 과연 창조일까 발견일까?

아무도 풀지 못한 문제

박영훈 글
김학수 그림

주니어김영사

현실로부터 도피하는 수단 중에서 수학이야말로 으뜸이다. 수학은
점점 더 중독성을 띠면서 환상의 세계가 된다. 그 이유는 우리가 도
피하려는 바로 그 현실 세계를 개선하기 위해 되돌아오도록 하기
때문이다. 섹스, 마약, 취미 생활 같은 다른 모든 도피 수단들은, 모
두 수학과 비교하면 덧없을 뿐이다. 이 세계는 자신이 창조해 낸 법
칙에 따라 움직이도록 하는 힘을 갖고 있기 때문에 이를 성취하면
서 수학자들은 승리감을 만끽한다.

- 지안카를로 로타 -

차 례

이 책을 읽는 사람들에게

어떤 수학자가 있었다. 이 수학자는 갓 결혼한 아내와 함께 한적한 어촌 마을로 찾아들었다. 그리고 언덕에 자리잡은 아담한 흰색 이층집을 빌려 자신의 연구 생활을 시작했다. 이층에는 침실과 주방이 딸려 있어 신혼부부의 보금자리로 딱 들어맞았지만, 아래층은 텅 빈 공간이어서 새신랑은 여기에 이동식 칠판 하나만 달랑 가져다 놓고 자신의 연구실로 삼았다.

그는 하루 종일 자신만의 세계인 수학에 빠져들어 칠판을 온통 수식과 기호들로 빽빽하게 채워 놓았다. 아내는 안중에도 없었다. 단란한 신혼 생활을 원하던 젊은 아내는 남편의 이러한 태도에 화가 나 그가 잠깐 자리를 비운 어느 날, 칠판에 적혀 있던 수식의 '−' 기호에 선을 하나 덧대어 '+'로 바꾸어 놓았다. 외출에서 돌아온 수학자는 갑자기 바뀐 기호 때문에 어리둥절하여 한참 동안 고통스럽게 머리를 쥐어짰다. 이윽고 아내의 짓임을 알아채고는 둘은 한바탕 크게 싸웠다. 결국 이 사건이 빌미가 되어 사이가 급속도로 악화된다…….

이는 꽤 오래 전에 상영되었던 더스틴 호프만 주연의 〈스트로 독(Straw Dogs)〉이란 영화의 줄거리이다. 비록 영화지만 현실에서 전혀 일어나지 않는 일도 아니다. 내가 미국에서 공부하던 시절, 수학과에는 미국인 동료가 열네 명이 있었는데 그 가운데 아홉 명이 기혼자였다. 하지만 2년이 지나 공부를 마칠 무렵에 아홉 명 가운데 일곱 명이 이혼한 상태였다. 미국의 높은 이혼율을 감안하더라도 매우 이례적인 일이다.

영화를 만든 감독(혹은 시나리오를 쓴 작가)은 두 신혼부부의 관계를 단절시키는 도구로 수학을 등장시켰다. 아마도 수학에서는 사람 냄새를 맡을 수 없다고 생각했던 것 같다. 사실 어떤 사람이건 학교에서 수학 시간이 끝난 후 칠판 가득 채워져 있는 숫자들과 공식들을 보면서 아름다움과 인간미를 느낄 수는 없을 것이다. 이 때문에 수학은 어렵다고 여겨진다. 왜 그럴까?

아마도 수학이 머리로 이해하는 학문이기 때문일지도 모른다. 다시 말해 자로 잰 듯 정확한 계산을 필요로 하며, 참과 거짓이 분명한, 그 중간 지대는 전혀 없는 경계가 뚜렷한 학문의 특성 때문일 것이다. 분명 불완전하고 허점투성이의, 언젠가는 죽음을 맞이하게 되는 유한 존재인 인간이 접근하기에 수학은 너무나도 높이 솟아 있는 학문임에 틀림없다.

물론 수학은 천재적인 수학자들이 만든 학문이다. 탈레스나 피타고라스, 파스칼, 데카르트 등 수많은 뛰어난 수학자들이 이룩한 업적들이 쌓인 결과물이지만 수학에서는 사람보다도 그들의 이름이 붙은 공식, 증명, 정리들이 더 부각되기 때문에 수학에서 인간미를 찾기는 어렵다. 학교에서도 선생님들은 학생들에게 정리나 공식 자체에 관해서만 설명할 뿐 그것을 발견해 낸 사람들에 대해서는 전혀 언급하지 않는다. 그저 그들의 성과물을 머릿속에 암기만 하면 되는 것이다.

게다가 우리나라의 학생들은 수학을 공부할 때 서양의 학생들이라면 전혀 겪지 않을 또 하나의 비극을 겪는다. 수학 시간에는 우리나라 사람이 전혀 등장하지 않는다는 사실이다. 분명히 우리나라에도 수학자가 있으며 옛날부터 사용하던 수학 교과서가 있었음에도 말이다. 이를테면 조선조 숙종 때에는 홍정하(洪正夏)라는 뛰어난 수학자가 있어 《구일집(九一集)》이라는 훌륭한 수학책을 저술했으며, 이 책 속에는 우리나라 수학자가 중국에 가서 그 나라 수학자와 경연을 벌이는 통쾌한 장면도 나온다. 하지만 우리 수학 교과서에서 이러한 내용은 찾아 볼 수 없고 그저 서양 이름과 서양 기호들만 가득하니 학생들이 어렵게 느낄 수밖에 없다.

그래도 수학을 어렵게만 느끼는 학생들이 조금이라도 쉽게 수학에 접근하려면 이미 굳어져 버린 서양식 체계는 어쩔 수 없더라도 수학에서 사람의 냄새를 맡게 해야 한다고 오래전부터 느껴왔다. 이 책은 바로 그런 뜻에서 수학을 만든 사람들이 우리와 같이 숨 쉬고 사랑하고 질투하는 똑같이 평범한 사람들이라는 것을 보여 주기 위해 썼다. 잊혀졌던 그들의 이름을 불러내어 우리에게 의미 있는 사람들로 다가오게 하고 싶은 것이 이 책을 쓰게 된 동기이다. 조금은 과장되게 영웅적으로 표현하고 단편적으로 그리기는 했지만 이 책에서 수학자들의 삶도 우리와 크게 다르지 않다는 것을 보여 주고 싶었다.

이 책은 각 장을 3부로 나누었다. 수학자들 한 사람마다 일화에 약간의 허구를 곁들여 극화시켰고, 이를 바탕으로 이들의 삶을 당시의 사회 상황과 함께 돌아보았다. 그리고 그와 관계 있다고 생각하는(반드시 그런 것은 아니지만) 수학에 대한 여러 사람의 생각과 나의 생각을 정리해 보았다. 이 글 가운데 많은 부분은 이미 지학사의 《독서평설》에 다달이 발표했던 것이기도 하며 그동안 번역했던 여러 책과 다른 수학 관련 책들에서 아이디어를 얻었음을 밝혀 둔다.

이 책은 처음에 2000년도에 지호출판사에서 냈었다. 이번에 주니어김영사에서 다시 내면서 평소 아쉬웠던 많은 내용을 수정하였고 새롭게 보충하였다.

박영훈

탈레스

Thales

무한과의 접촉은 이 세상이 시작되면서 예언자로서, 시인으로서 그리고 수학자로서 존재했던 철인(哲人)의 꿈이었다. 이 꿈은 세상의 종말이 올 때까지 계속될 것인데 그것이야말로 다른 야만적인 짐승과 구별되는 인류만이 갖는 본능이기 때문이다.

– D. E. 스미스 –

돈 버는 방법을
증명한 철학자

"이런 세상에, 쯧쯧, 산책을 하러 나간다더니…… 비도 오지 않았는데 대체 자네 몰골이 그게 뭔가?"

물에 빠진 생쥐 꼴로 흠뻑 젖은 채 집에 돌아온 탈레스를 보고 베르디는 무척 놀랐나 보다. 창밖을 내다보며 행여 이 밤중에 비가 오지 않았는지 확인까지 하는 것이었다.

"허허, 아무 일도 아닐세. 돌아오는 길에 그만 발을 헛디뎌 웅덩이에 빠졌지 뭔가."

겸연쩍은 듯 머리를 긁적이는 탈레스는 오히려 태연하기만 했다.

"그러게 또 일식인가 뭔가 하는 해괴망측스러운 것 때문에 하늘만 쳐다보며 걸어갔구만. 참으로 한심할세. 자네가 똑똑하다는 건 세상이 다 아는 일이지만, 바로 코앞에 닥칠 자기 일도 모르고 웅덩이에 빠지는 사람이 어찌 하늘의 일을 알 수 있단 말인가? 아무래도 이번엔 자네가 틀린 것 같네."

베르디는 걱정스런 눈으로 탈레스를 나무랐지만, 탈레스는 여전히 별로 개의치 않는 눈치였다.

"이보게, 베르디! 자네도 조금만 관심을 갖고 하늘을 관찰한다면 내 얘기를 이해할 걸세."

이집트를 비롯해 여러 지역을 여행하며 견문을 넓혔던 탈레스는 뭔가 자신의 주장에 확고한 믿음을 가지고 있는 듯 보였다.

"분명 하늘에 떠 있는 저 별들은 그냥 있는 것이 아니야. 별마다 자기 나름대로 움직이는 규칙이 있단 말일세. 내 계산에 따르면, 다가오는 5월 28일에는 틀림없이 저 태양도 잠시 사라지게 될 걸세."

이런 세상에, 태양이 사라진다니. 베르디는 아무래도 탈레스가 매일같이 하늘만 쳐다보며 살더니 기어코 정신이 나간 게 분명하다고 생각했다. 그러나 탈레스는 베르디가 기가 막히다는 표정을 지으며 자신을 바라보는 것에 대해서는 아랑곳하지 않고 흥분을 감추지 못하는 것이 아닌가.

"태양이 사라진다는 것도 신비롭지만, 내가 이를 예언할 수 있다니 정말 놀랍고 신비로운 일이 아닌가? 하하하."

베르디가 걱정하는 것도 무리는 아니었다. 당시 탈레스의 고향인 밀레토스 지방의 모든 사람들은 총명하던 탈레스가 긴 여행을 다녀오더니 결국 미쳐 버렸다며 안타까워했다. 나중에는 아예 무시해 버리는 사람도 있었다.

기원전 600년경인 당시만 해도 대부분의 사람들은 자연현상이란 어떤 보이지 않는 힘에 의해 일어나는 것이라고 생각했다. 그들이 지어낸 신들의 이야기인 신화에는 이 모든 현상을 신이 만드는 일로 해석하고 설명하는 당시의 방식이 담겨져 있었다. 따라서 탈레스의 일식에 대한 예언은 신화 속에서 살고 있던 그들의 상식으로는 도저히 받아들일 수 없는 것이었다.

하지만 탈레스가 예언한 기원전 585년 5월 28일이 다가오자 사람들 사이에선 이상한 이야기가 떠돌기 시작했다.

"혹시 탈레스의 말처럼 정말로 태양이 사라지면 어떻게 하지? 탈레스가 지금까지 말한 것 중에 틀린 것은 없었잖아."

"그렇다면 신께서 노여워하신다는 것을 탈레스가 이미 알고 있단 말이야?"

"태양이 사라지고 세상이 온통 캄캄해지면 우린 모두 죽게 될 거야!"

이제 탈레스의 예언은 사람들의 입에서 입으로 전해져 모르는 이가 없었다. 그러면서 처음에는 베르디처럼 하나같이 말도 안 되는 소리라고 비웃던 분위기도 점차 변해 가는 것이 아닌가?

과학이라는 개념이 없던 당시, 자연현상에 대해 미신이나 신화에 의지하던 사람들은 차츰 자신의 예언을 자신있게 내세우는 탈레스의 주장에 조금씩 흔들리고 있었다. 그리고 그 분위기는 서서히 공포로 이어졌다. 점차 마음의 동요를 일으키면서 사람들은 문을 걸어 잠그고 집 밖으로 한 발짝도 나오려 하지 않았다. 이러한 사회적 혼란은 급기야 당시 절대 권력을 행사하던 그리스 왕에게까지 전해졌다.

"여봐라, 시민들을 혼란에 빠뜨린 탈레스라는 작자를 당장 잡아들이도록 하라!"

결국 왕의 노여움을 산 탈레스는 밧줄에 묶인 채 끌려오는 신세가 되고 말았다.

"자네는 어찌하여 그와 같은 해괴한 말들로 시민들의 눈과 귀를 어지럽히는가?"

"폐하, 시민들을 혼란에 빠뜨린 죄는 백 번 죽어 마땅하나, 제 얘기는 거짓이 아닙니다. 그것은 하늘의 뜻이고, 자연의 섭리입니다."

탈레스는 왕 앞에 무릎을 꿇으면서도 당당함을 잃지 않았다.

"네놈이 감히 여기가 어디라고 그런 해괴한 말들을 지껄이느냐? 좋다. 네 말대로 오는 28일에 태양이 사라진다면 너를 용서해 줄 것이다. 허나 그렇지 않다면 시민들을 혼란에 빠뜨린 죄로 너는 사자의 먹이가 될 것이다. 여봐라. 일단 저놈을 5월 28일까지 감옥에 가두도록 하라!"

감옥에 갇히게 된 탈레스는 결국 일식이 일어나기만을 기다리는 수밖에 없었다.

일주일 후, 드디어 탈레스가 일식을 예언한 날인 28일이 되었다. 이날은 자연스럽게 탈레스의 재판이 벌어지는 날이기도 했다. 넓은 광장에는 시민들이 하나둘씩 모여들었고, 탈레스는 왕 앞에 끌려 나왔다.

"자, 보거라. 태양이 사라지기는커녕 저리도 뜨겁게 타오르고 있지 않느냐? 네 말이 틀렸으니 약속대로 너를 처형할 수밖에 없구나."

"잠시만 기다려 주십시오. 날이 저물 때까지만요."

"아직도 네 헛소리를 이실직고하지 않는구나. 여봐라. 저놈을 당장 식욕이 가장 왕성한 사자 우리에 처넣어 다시는 이런 일이 일어나지 않도록 본보기로 삼아라. 또한 혼란에 빠진 시민들을 하루 빨리 안정시키도록 하여라."

바로 그때였다. 오싹한 바람이 한 차례 불어오더니 태양의 한쪽 끝이 일그러지는 것이 아닌가? 알 수 없는 검은 물체가 서서히 모습을 드러내더니 탈레스의 예언대로 태양을 몽땅 가려 버리는 것이었다. 놀란 사람들은 웅성거리기 시작했고, 갑자기 어두워진 하늘을 보며 겁을 먹었다.

"폐하, 두려워할 것 없다고 사람들에게 말씀해 주십시오. 잠시 후면 태양이 다시 나타날 것입니다."

"태양이 다시 나타난다고?"

"예, 지금은 달이 태양과 일직선이 되면서 태양을 가리고 있을 뿐입니다. 지극히 자연스러운 자연현상이니 너무 염려하지 마십시오. 곧 예전처럼 될 것입니다. 그보다는 놀란 저 시민들을 폐하의 위엄으로 속히 안정시켜 주시기 바랍니다."

이 일이 있고 난 후, 그리스의 시민들은 탈레스의 총명함에 다시 한 번 감탄했으며 그를 존경하게 되었다. 특히 그의 고향인 밀레토스에서는 그가 다음엔 어떤 이야기로 사람들을 놀라게 할지 그의 새로운 발견을 기다리는 게 커다란 화젯거리가 될 정도였다.

그를 존경스런 인물로 바라보는 건 거리의 시민들뿐만이 아니었다. 그리스를 통치하는 왕마저도 그의 영험함에 적잖이 감탄하고 있었다. 하지만 당시 절대 권력을 행사하던 왕에게는 탈레스를 향한 시민들의 존경스런 눈빛이 조금은 눈에 거슬릴 수밖에 없었다. 사람들이 자신보다 탈레스를 더 위대한 인물로 따르는 것 같았기 때문이다.

처음에 가졌던 탈레스에 대한 감탄은 조금씩 시기와 질투로 변해 가고 있었다. 더 이상 자신의 본심을 감추기 싫었던 왕은 며칠 후 탈레스를 궁전으로 다시 불러들였다.

"탈레스, 지난번 일은 매우 놀랍고 재미있었소. 그런데 자네가 말한 것처럼 일식은 언제든 자연스럽게 일어날 수 있는 자연의 순리가 아니오?"

"예, 그렇습니다. 언젠가 다시 일어나겠지만 제가 살아 있는 동안에는 다시 일식이 일어날 것 같지는 않습니다."

"일식이 일어나는 것을 알아낸 것은 위대한 일이지만 일식을 직접 만든 것은 아니잖소? 그냥 '우연히' 알아냈을 수도 있단 말이지. 나는 총명한 자네의 능력을 다시 한 번 보고 싶소."

조금은 억지스런 논리를 내세워 왕은 탈레스를 곤경에 빠뜨리고자 했던 것이다.

"자네는 이집트의 기자에 여행을 간 적이 있다지? 그러니 피라미드를 직접 보았을 것이오. 사실 나도 그곳에 가 본 적이 있는데, 그곳을 여행할 때면 늘 궁금한 것이 하나 있었다오. 여러 개의 피라미드 중 가장 큰 것이 쿠푸 왕의 대 피라미드인데, 그 높이가 얼마나 되는지 궁금했지. 어디 한 번 알아봐 주겠소?"

"소인의 능력이 미천하나, 어찌 폐하의 청을 거역할 수 있겠습니까?"

자신만만하게 왕과 약속을 하고 돌아오긴 했지만, 탈레스도 은근히 걱정이 되었다.

'저 거대한 건축물의 높이를 어떻게 알아낼 수 있단 말이지? 그렇다고 한 달 안에 답을 구하라 하니, 그곳까지 다시 갈 수도 없는 노릇이고. 이거 정말 큰일이군.'

설혹 이집트에 직접 간다고 해도 오늘날과 같은 측량 기술이 발달하지도 않았고, 피라미드의 높이를 잴 수 있을 만큼의 체계적인 수학 공식이 존재하지도 않았던 당시로서는 불가능한 일이었다. 피라미드의 꼭대기까지 올라갈 수도 없었을 뿐더러 밧줄을 들고 올라가서 밑으로 던진 밧줄의 길이를 잰다고 한들 그것은 엄연히 경사면의 길이지 실제 피라미드의 높이는 아니기 때문이다.

집 앞 마당에 피라미드 모양의 모래성을 쌓아 놓고 문제 해결에 고심하면서 탈레스는 하루 종일 그 주위만 맴돌고 있었다. 친구 베르디는 지난번엔 하늘만 쳐다보면서 살더니 이번엔 땅만 내려다보고 산다며 탈레스를 걱정해 주었다. 그러던 어느 날이었다.

"쿵!"

"아이구, 아이구. 이놈아! 눈은 뒀다 어디다 쓰는 거야!?"

온종일 땅만 내려다보며 피라미드 모양의 모래성 주위를 배회하던 탈레스가 앞에서 지팡이를 짚고 걸어오시는 할머니를 보지 못한 채 그만 부딪치고 만 것이다.

"죄송합니다, 할머니. 어디 다치신 데는 없으세요?"

"어, 탈레스로구먼. 무슨 생각을 그리도 골똘히 하는 거야? 지난번처럼 또 웅덩이에 빠지면 어떡하려고 그래?"

그 지역에서 이미 탈레스는 남녀노소 불문하고 모르는 이가 없을 정도로 유명한 사람이었다.

"죄송합니다. 할머니, 앞으론 조심해서 다니도록 하겠습니다."

탈레스는 머리를 긁적이며 연신 고개를 숙이고 미안하다는 말만 거듭했다. 할머니가 한참을 걸어가고 난 후에도 탈레스는 허리를 굽혀 지팡이를 짚고 걸어가는 할머니의 뒷모습을 물끄러미 지켜보았다.

바로 그때, 탈레스의 머릿속에서 뭔가가 번쩍 하며 떠올랐다.

"그래, 바로 저거였어! 하하하!"

너무 기쁜 나머지 탈레스는 손뼉을 치며 하늘을 향해 크게 소리쳤다. 그 웃음소리가 어찌나 크던지 저 멀리 가시던 할머니마저 깜짝 놀라 뒤돌아볼 정도였다.

'탈레스가 또 뭔가를 알아낸 모양이구먼. 허허!'

그랬다. 할머니의 말씀처럼 탈레스는 뭔가를 알아냈다는 듯 곧장 집 안으로 들어가 피라미드의 높이를 구하는 계산에 몰두했다.

다음 날 아침, 탈레스는 자신에 찬 얼굴로 왕을 찾아갔다.

"폐하, 쿠푸 왕의 대 피라미드의 높이를 알아냈습니다."

왕은 약속했던 한 달보다 일주일이나 앞서 찾아온 탈레스를 보고는 적잖이 놀라는 눈치였다.

"그래. 피라미드의 높이가 얼마이더냐?"

"예. 피라미드의 높이는 329큐빗입니다."

"그래? 어떻게 피라미드의 높이를 구했는지 설명할 수 있겠느냐?"

그러자 탈레스는 잠시 말을 멈추고는 들고 온 보자기에서 뭔가를 꺼냈다. 그것은 다름 아닌 어제 길에서 부딪쳤던 할머니의 지팡이와 같은 모양의 막대였다.

"폐하, 방법은 의외로 간단합니다. 이 지팡이 하나면 피라미드의 높이를 구할 수가 있습니다."

탈레스가 피라미드의 높이를 구할 수 있었던 방법은 이러했다. 어제 낮에 할머니의 뒷모습을 물끄러미 바라보던 탈레스는 할머니가 지팡이를 짚고 걸어갈 때 움직이는 지팡이의 그림자에 주목했다. 피라미드의 높이 구하기에 정신이 팔려 있던 탈레스는 그 그림자에 일정한 규칙이 있음을 발견했다. 즉 피라미드의 실제 높이와 그 그림자 길이 사이의 관계는, 지팡이의 실제 길이와 그 그림자의 길이가 다르지 않다는 사실을 말해 준다. 탈레스는 이를 이용해 어렵지 않게 피라미드의 높이를 구할 수 있었다.

지팡이의 길이, 그 그림자의 길이, 그리고 땅 위에 그려지는 피라미드 그림자의 길이를 모두 구할 수 있던 탈레스는 비례식에 의해 피라미드의 높이를 쉽게 구할 수 있었다.

탈레스의 설명을 조목조목 끝까지 듣고 난 왕은 그 영리함에 다시 한 번 감탄하지 않을 수 없었다. 지금까지 자신이 품었던 탈레스에 대한 경

지팡이의 길이 : X(피라미드의 높이) =
지팡이의 그림자 길이 : 피라미드의 그림자 길이

계심은 온데간데없이 사라지고 가슴 속엔 이미 그에 대한 존경심으로 가
득 찼다. 그리곤 자신의 경솔함을 반성하는 한편, 탈레스에게 후한 상을
내리기까지 했다.

탈레스가 일식을 예언하고, 피라미드의 높이까지 구했다는 소식은 사
람들을 감탄시켰다. 하지만 탈레스가 사용한 해결 방법은 오늘날 학교
수학을 조금만 알고 있어도 신기할 게 없는 일이다. 그렇지만 체계적인
수학 공식이 정립되지 않았던 당시로서는 수학이라는 학문의 태동을 알
리는 전주곡이라 할 수 있다.

이러한 탈레스의 영리함은 수학이라는 학문에만 그친 게 아니었다. 실

제로 그는 장사꾼으로서도 자신의 수학적 두뇌를 활용하여 크게 성공할 수 있음을 보여 주기도 했다. 언젠가 그의 친구들이 탈레스의 너절한 옷차림과 해쓱한 얼굴을 보고 조롱하듯 이야기했다.

"이봐, 탈레스. 사람들은 자네를 뭐든지 모르는 게 없는 철학자라고 칭송하지만, 그 지식이 다 무슨 소용이 있지? 빵이 되나, 돈이 되나? 자네 몰골을 보니 지식이라는 게 인생을 번거롭게만 할 뿐 가난을 해결해 주지도 못하는 쓸모없는 것 같네."

그러자 탈레스가 대답했다.

"이봐, 친구. 나의 몰골을 깔보는 건 용서할 수 있네. 그러나 내가 가난하다고 해서 나의 지식을 깔보는 건 절대 용서할 수가 없어. 자네들이 정 그렇다면 지식의 힘이 어떤지를 내 보여 주겠네."

탈레스는 곧장 일에 착수하여 돈을 벌 방법을 궁리했다. 그는 당시 그리스 경제에서 가장 주요한 자원 가운데 하나인 올리브의 생산 변화에 주목했다. 올리브의 생산이 해마다 점점 줄어들고 있었기 때문이다. 당시 그리스 사회에서 올리브 기름은 비누를 만들 때나 등불을 밝힐 때, 요리를 할 때나 피부를 부드럽게 할 때 등 여러모로 중요한 생활 필수품이었다. 그런데도 지난 몇 년 동안 올리브 생산은 계속 감소 하고 있었는데 그 이유는 기후와 밀접한 관련이 있었다. 그는 지난 3, 4년 동안의 기후 변화와 올리브 생산의 관계를 알아보기 위해 올리브 농사로 평생을 보냈던 사람들을 찾아다녔다. 그리곤 그 지역의 올리브 생산이 어떤 규칙을 갖고 있어 주기적으로 풍년이 찾아온다는 사실을 알게 되었다. 이제 탈레스는 마을을 돌아다니며 기름 압축기를 사들이기 시작했다. 사람들은 쓸데없이 마당만 차지하는 압축기를 탈레스에게 기꺼이 팔아 치웠다.

나무가 자라 올리브가 열리기 시작할 무렵에 탈레스는 이미 마을의 모든 압축기를 소유하고 있었다. 그가 예상한 대로 그해는 올리브가 풍작이었다. 나무마다 탐스러운 올리브의 검은 열매가 풍성하게 열렸지만 압축기를 탈레스에게 팔아 치운 농부들은 할 수 없이 탈레스에게 도움을 청할 수밖에 없었다. 올리브 농사에 손도 대지 않았던 탈레스는 마을 사람들에게 압축기를 빌려주는 대가로 큰돈을 벌게 되었다. 그러나 탈레스는 돈을 모아 부자가 되는 일에는 별 관심이 없었다. 수확이 끝나고 나서 그는 가지고 있던 압축기를 모두 공정한 가격에 되팔았는데, 가난한 농부에게는 거저 주기도 했다. 그의 목적은 올리브로 돈을 버는 게 아니었다. 어떤 일정한 규칙을 발견하고 그것을 토대로 미래를 예측한다면, 지식의 힘으로 돈을 벌 수 있음을 보여 주려 했던 것이다.

관찰을 통해 어떤 사건의 일정한 규칙이나 원인을 밝히려는 그의 과학적 태도에 관해 전해 내려오는 또 다른 일화도 있다. 당시 탈레스의 고향인 밀레토스 근처에는 소금 광산이 있었는데, 여기서 캐낸 소금을 시장까지 운반하기 위해서 당나귀를 이용해야만 했다. 소금 광산과 시장 사이에는 작은 시내가 있었는데, 그 냇물은 그리 깊거나 물살이 센 곳이 아니었다. 그런데 어느 날 당나귀 한 마리가 발을 헛디뎌 물속에 빠지는 사건이 발생했다. 며칠 뒤 우연히 탈레스와 만난 소금 광산 주인이 근심스러운 표정으로 고민을 털어놓았다.

"크노케라는 당나귀를 팔아 버려야 할 것 같네. 그놈은 이제 더 이상 쓸모가 없는 것 같아. 냇물을 건널 때마다 발을 헛디뎌 물 속에 빠지니 말일세. 그놈 때문에 얼마나 많은 소금이 못 쓰게 됐나 몰라, 원 참……."

"다리에 상처가 난 것은 아니고? 절뚝거리지는 않는가?"

탈레스가 의아해하며 물었다.

"그게 참 이상하거든. 언덕을 오르내릴 때에는 정상적으로 잘 걸어가니 말이야. 냇물을 건널 때에만 그런다니까. 그것 말고는 다른 이상한 점을 전혀 발견할 수가 없더라고."

이제 탈레스의 범상치 않은 능력, 즉 어떤 현상을 관찰하여 규칙성을 발견하는 능력을 발휘할 때가 온 것이다.

소금 광산 주인과 대화를 나눈 다음 날, 탈레스는 냇가에서 크노케라는 당나귀가 지나가기를 기다리고 있었다. 이윽고 당나귀들은 한 마리씩 조심조심 시냇물을 건너갔다. 마침내 크노케가 건널 차례가 되었다. 크노케는 다른 당나귀와는 달리 거리낌 없이 냇물 속으로 들어가 온몸을 푹 담그더니 마치 등에 실은 소금이 귀찮다는 듯이 세차게 몸을 터는 것이었다. 그러고 나서 다시 중심을 잡고 일어나 당나귀 대열에 합류했다.

"아하! 이제 알았다. 크노케는 등에 실은 소금이 물속에 잠기면 녹는다는 사실을 알고 있었던 거야. 그래서 냇물을 건널 때면 소금을 물속에 푹 담가 다시 가볍게 한 후에 발걸음을 옮기는 거야. 정말 영리한 당나귀네. 이보게들, 내가 한 수 가르쳐 주기 전까지는 크노케의 등에 소금을 싣지 말게나."

다음 날, 탈레스는 직접 크노케의 등에 짐을 실었다. 그러나 이번에는 소금 자루 대신 한 마대의 솜을 실었다. 등에 진 짐이 평소보다 매우 가볍다고 느낀 크노케는 기분 좋게 흥흥거렸다. 보통 때처럼 냇가에 도착하자 이번에도 크노케는 물 속으로 풍덩 빠지는 것이 아닌가. 그랬더니 웬걸! 이번에는 물을 듬뿍 먹은 솜의 무게가 훨씬 더 무거워져 크노케는 헉헉대며 간신히 물 밖으로 나올 수 있었다.

크노케의 꾀가 탈레스의 수학적 두뇌를 능가할 수 없었던 것이다. 그 덕분이었는지 그 뒤로는 크노케가 물속에 빠지는 일은 더 이상 일어나지 않았다고 한다.

이 이야기를 탈레스가 직접 글로 남긴 것은 아니다. 다만 당시 그리스에서 유명 인사였던 탈레스의 친구인 이솝이 이 이야기를 자신의 책에 실어 후세에 전해지게 된 것이다.

탈레스에 얽힌 많은 이야기들이 이솝을 통해 그리스뿐만 아니라 전 세계 어린이들이 잠자기 전에 머리맡에서 엄마가 들려주는 동화가 되었다.

이솝 Aesop 그리스 우화집의 작가. 거의 전설적인 인물에 가깝다. 1세기에 쓰인 이집트 전기를 보면 그는 사모스 섬에 살던 노예였고, 델포이에서 죽었다고 한다. 이솝은 동물을 중심으로 한 우화들을 지은 작가로 실존 인물이라기보다 만들어 낸 인물이기 쉽다. 오늘날 '이솝 이야기'는 곧 '우화'를 뜻한다.

이 이야기들이 모두 사실이었는지는 확인할 수 없지만, 탈레스가 그 당시 총기 있고 똑똑하여 매우 영향력 있는 사람이었음은 의심할 여지가 없다.

•이진법의 원리를 사용한 팔괘

중국 상고 시대의 복희씨가 지었으며, 방위를 설명하는 데에 쓰이는 형상. 여러 문양에서도 발견된다. 이는 이진법을 활용한 대표적인 예로 -- 을 0, — 을 1이라 하면, 팔괘는 다음과 같다.

곤 ☷ 0, 간 ☶ 1, 감 ☵ 2, 손 ☴ 3, 진 ☳ 4, 이 ☲ 5, 대 ☱ 6, 건 ☰ 7

탈레스의 생애

Thales of Miletos 기원전 약624~546년

그는 최초의 철학자이고, 최초의 수학자이며,
그리스 최초의 '7대 현인'이었다.

그리스는 유럽 대륙에서 지중해 쪽으로 뻗어 나와 있는 반도이다. 그리스와 터키의 아나톨리아 지방 사이에 있는 바다를 에게 해라고 부른다. 기원전 12세기 무렵 그리스 사람들이 에게 해를 건너 아나톨리아의 해안 지방에 도시를 건설했는데 이 새로운 땅을 이오니아라고 불렀다. 이오니아 지방 가운데서도 가장 번성한 도시가 바로 밀레토스였다. 밀레토스는 이오니아의 도시들 가운데서도 가장 남쪽에 위치하고 있으며 이집트의 알렉산드리아까지는 서울과 부산 정도의 거리밖에 되지 않는다. 그렇지만 이곳은 이미 폐허로 변해 버렸다. 고대에 그렇게도 번창했던 이 항구 도시는 진흙의 침식 작용 때문에 오래 전에 항구의 기능을 잃어 버리고 말았다. 기원전 8세기경 모험심에 가득 찬 밀레토스인들은 이집트인들과 무역을 시작했다. 밀레토스인들은 이집트의 나일 강 유역에서 자라는 파피루스로 만든 종이를 수입하여 자신들의 언어를 문자로 기록할 수 있게 되었다. 무역과 상업에 필요한 기록을 비롯한 각종 문서들이 그리스 전역에서 작성되었으며 이러한 활동의 중심이 밀레토스였다. 그

곳은 상업과 발명, 그리고 모든 문화의 중심지로 매우 번창했다.

기원전 625년경에 이 도시에서 최초의 수학자로 알려진 탈레스가 태어났다. 그의 삶에 대해서는 앞에 소개한 몇몇 에피소드를 제외하고는 거의 알려진 것이 없다. 다만 현재 뉴욕에 있는 메트로폴리탄 박물관에 그의 이름이 새겨진 도자기가 전시되어 있는데, 당시에는 도자기에 주인의 이름을 새겨 넣는 관습이 있었던 것으로 보아 그의 것으로 짐작되지만 동명이인일 가능성도 있어 확실한 것은 아니다. 그러나 연대가 비슷하고 정치가였다는 점으로 보아 그의 것일 수도 있다. 그는 고대 그리스의 '7대 현인' 가운데 한 사람으로 알려져 있는데, 탈레스 이외의 나머지 현인들이 모두 정치 지도자들이었던 사실로 미루어 그 역시 정치가였을 가능성이 짙다.

그가 증명한 수학의 간단한 명제들은 이후 유클리드의 《기하학 원본》

파피루스 papyrus 고대에 쓰인 종이. 이집트 나일 강 삼각주 지역에서 재배되던 식물을 일컫기도 한다. 풀처럼 생긴 것으로 이 식물은 자루 또는 줄기를 얇고 긴 조각으로 잘라 압착시켜 말려서 필기 용지를 만들었다. 이외에도 돛, 천, 방석, 밧줄 등을 만드는 데도 썼다.

7대 현인 고대 그리스 시대의 일곱 현인. 탈레스, 비아스, 피타코스, 클레오브로스, 솔론, 킬론, 페리안드로스를 말한다. 대부분 기원전 7~6세기에 활동했던 인물로 이 가운데 탈레스, 솔론, 피타코스, 비아스 4명은 늘 고정되어 있다.

에 집대성된 것으로 알려져 있다. 그가 알고 있었던 명제들을 믿을 만한 고대 저술가들의 글을 통해 추측해 보면 다음과 같다.

이외에도 그는 삼각형의 닮음 조건과 합동 조건도 이해하고 있었다. 그러나 더욱 중요한 사실은 이를 증명했다는 점이다. 그 전까지 기하학은 길이나 넓이, 부피 등을 측정하는 정도의 수준이었는데, 탈레스는 최초로 직선에 대한 기하학을 도입하여 이 분야를 구체화시켜 수학사에 중요한 업적을 남겼다. 그는 기하학을 논리적으로 증명하려고 했다. 만일 탈레스가 없었다면 다음 이야기에 나오는 피타고라스도 없었을 것이고, 피타고라스가 없었다면 플라톤이나 유클리드도 없었을 것이다.

앞에서 언급한 것처럼 탈레스는 일식이 언제 일어나는지도 예언했다고 한다. 달이 태양을 가려 하늘이 밤과 같이 어두워지는 일식은 당시에 신비와 공포의 대상이었다. 그러나 당시 그리스의 어느 누구도 일식을 정확하게 예언하지 못했다. 이집트인과 바빌로니아 남쪽에 위치한 칼데아 왕국 사람들과 교류하고 있었던 탈레스는 태양의 움직임의 변화를 연구하고 있었다. 아마도 이 자료를 통해 탈레스는 일식을 예언할 수 있었을 것이다. 그가 일식을 예측하던 당시에 메데스와 리디아라는 두 이웃 나라는 장장 6년이란 긴 세월 동안 격렬한 전투를 벌이고 있었다. 이들은 일식이 닥칠 것이라는 탈레스의 경고를 웃어넘겼다. 그러나 기원전 585년 5월 28일 대낮에 세상이 갑자기 암흑의 세계로 변해 버렸다. 두 나라는 너무나 놀란 나머지 황급히 평화 협정을 체결하고 말았다.

탈레스의 이름 앞에는 그의 위대함을 상징하는 수많은 수식어들이 붙는다. 창의적이다, 상상력이 풍부하다, 수완이 좋다, 호기심이 많다, 머리가 좋다 등이 그것이다. 그러나 그를 수식하는 단어 가운데서 가장 많이 사용되는 것은 '최초'라는 말일 것이다. 그는 그리스의 '7대 현인' 가운데 최초의 사람이며, 최초의 철학자이고, 최초의 수학자였다. 또 그는 문제를 해결하기 위해 사용하는 논리적 방법 가운데 하나인 연역적

플라톤 Platon 기원전 428/427~348/347년. 서양 문화의 철학적 기초를 마련한 고대 그리스의 위대한 철학자. 논리학, 인식론, 형이상학 등에 걸친 광범위하고 심오한 철학 체계를 전개했으며, 이성이 인도하는 것이면 무엇이든 따라야 한다는 이성주의적 입장을 가졌다.

추론을 최초로 사용한 사람이었다. 뿐만 아니라 호박(琥珀)이라는 보석을 문질러 정전기를 일으키는 전기 발생 실험을 최초로 행한 사람이었다. 그리고 기하학의 기본 정리를 최초로 진술한 사람도 탈레스였다.

"왜? 그리고 어떻게?"라는 물음에 자신의 삶을 바친 탈레스는 인류의 과학과 수학의 발전에 많은 업적을 남겼다. 어떤 일정한 규칙을 발견하여 다음에 일어날 사건을 예측할 때마다 사실상 우리는 탈레스의 발자취를 따라가고 있는 셈이다.

우리는 인류의 역사를 고대, 중세, 근대, 현대로 분류하는 방식에 너무나도 익숙한 나머지 이를 당연한 것으로 받아들이고 있다. 그러나 이는 서구인들(주로 유럽 중심)의 관점에서 바라본 세계의 역사일 뿐이다. 그들은 더 많은 사람들이 서구 유럽이 아닌 다른 세계에 살면서 자신들만의 문화를 꽃피우며 살아왔다는 사실은 외면했다. 따라서 고대, 중세, 근대, 현대로 인류의 역사를 분류하는 기준도 달라져야 한다. 예를 들어 유럽이 중세의 암흑기에 접어든 동안에도 아랍 세계는 고대 그리스 · 로마의 문화를 받아들이고 발전시켜 새로운 문화의 번성기를 누리고 있었다. 따라서 아랍 세계 또는 동양 세계의 역사를 서구의 시대 구분에 따라 나누어서는 안 된다.

그런데 지금 우리가 배우는 수학은, 그리스에서 시작하여 현재에 이르기까지 유럽의 토양에서 자라난 학문이다. 그래서 유럽이 중세의 암흑기를 지나는 동안 수학 역시 지지부진하게 발전하지 못했다. 16세기 유럽의 수학은 현재의 초등학교 수준에 지나지 않았음을 우리는 다음과 같은 이야기에서 엿볼 수 있다.

중세의 한 부유한 상인이 그의 아들에게 계산을 가르치기 위해 어느 계산 전문가에게 찾아가서 도움을 청했다. 그의 답은 "만일 아드님께 덧셈과 뺄셈을 가르치고 싶다면 독일이나 프랑스의 아무 대학이나 보내면 됩니다. 그러나 곱셈이나 나눗셈을 가르치고 싶고 그가 그런 능력이 있다면 이탈리아에 있는 대학으로 보내십시오.

이 정도 수준이었던 유럽 수학이 중세의 암흑기를 탈출하여 어떻게 발전되었는지 살펴보자. 고대 수학은 비과학적이고 미신적인 주술과 관련이 많았다. 예를 들어, 다음 이야기에 나오는 고대 그리스의 수학자 피타고라스는 수학자라기보다는 차라리 주술사에 가까웠다. 그는 각각의 숫자에 의미를 부여했는데, 1은 이성, 2는 여론, 3은 권력, 4는 정의, 5는 결혼을 뜻하며, 짝수는 여성이고 홀수는 남성을 의미한다고 주장했다. "우리를 축복하소서. 신들과 인간을 창조하신 성스러운 수 4여, 영원히 흐르는 생명력의 원천인 4여."

이러한 주술에 파묻혀서 피타고라스는 $3^2 + 4^2 = 5^2$을 발견했고, $x^2 + y^2 = z^2$을 만족하는 세 수 x, y, z가 있다는 것도 발견했다. 이것은 그의 이름을 따서 '피타고라스 정리'라고 부른다. 하지만 이 법칙은 피타고라스가 마법(?)을 부리기 천 년 전에 나일 강에서부터 양쯔 강에 이르는 모든 측량가들이 이미 알고 있었던 것이다.

한편 중국에도 피타고라스와 같은 수학자가 있었는데, 1세기경에 활약했던 손자(孫子)가 바로 그 주인공이다. 손자는 나름대로 수학 교과서

의 내용을 갖춘 책을 집필했는데, 여기에는 다음과 같은 문제가 들어 있
었다.

> 29세의 임신한 여인이 그해의 아홉 번째 달에 아이를 출산할 예
> 정이었다. 아이는 아들일까, 딸일까?

그 해답은 정말 피타고라스식의 비과학적인 풀이였다.

먼저 49를 선택한다. 여기에 여인의 임신한 달의 수를 더한다. 그
리고 여인의 나이를 뺀다. 다시 하늘을 의미하는 1을 빼고, 땅을
의미하는 2를 빼고, 남자를 의미하는 3을 빼고, 사계절을 의미하
는 4를 빼고, 5원소(五元素)인 5를 빼고, 육법(六法, 기본이 되는
여섯 가지의 법률)의 6을 빼고, 아홉 개의 지방인 9를 뺀다. 만일
나머지가 홀수이면 그 아이는 아들이고, 짝수이면 딸이 된다.

이처럼 고대에는 동양이나 서양이나 수학의 수준이 비슷했다. 그런데
중세로 접어들면 유럽의 수학 수준은 동양보다 훨씬 뒤떨어지게 된다. 자
녀에게 두 자리 수의 곱셈을 가르치기 위해 당시 유럽에서 수학이 가장
발달한 나라인 이탈리아로 유학을 보내는 그런 수준이었던 것이다. 여기
에는 중세 유럽의 모든 것을 지배했던 기독교의 영향이 적지 않다. 하지
만 이런 중세의 암흑기도 15세기 후반에 이르러 종말을 고하게 된다.

피타고라스
Pythagoras

피타고라스는 음악에서 멜로디가 갖는 순환성의 특징을 분석하기 위해 수에 대해 집중적으로 연구했다. 17세기 현대 과학이 탄생하는 데 수학은 큰 역할을 했는데 진동하는 물체의 특징을 분석하기 위해서 더욱 세련된 수학이 필요했다. 그리고 20세기에 들어와서 물리학자들은 원자의 주기성을 분석하는 데 주력하고 있다. 유럽의 철학과 수학을 창시했던 피타고라스 덕택에 이들은 그야말로 행운의 추측을 할 수 있었다. 아니, 어쩌면 그 자신이 하느님이 보낸 천재라서 사물의 본성을 꿰뚫어 볼 수 있었던 것이 아닐까?

– 알프레드 화이트헤드 –

학생에게 돈을 주고
가르친 선생님

"이보게, 주인장. 내 지나가는 길에 목이 말라 그러는데 물 한 바가지
만 주면 안 되겠소?"

"아, 예. 그거야 얼마든지 드립죠."

잠시 후 가게 주인으로부터 물을 건네받은 백발의 노인은 몹시도 갈증
이 났는지 단번에 물 한 바가지를 다 비워 내는 것이었다. 비록 머리는 하
얗고 행색은 남루하기 짝이 없는 노인이었지만, 어딘지 모르게 여느 사
람들과는 다른 느낌이었다. 눈빛은 매우 강렬했으며, 풍채 또한 시장 바
닥의 젊은 청년들에게 뒤지지 않을 만큼 힘과 위엄이 느껴졌다.

"고맙소, 주인장."

"아이고, 별 말씀을요."

"그런데 말이오. 저 시장 입구에 있는 장작더미들은 누가 다 쌓아 올

린 것이오?"

"아, 저거 말입니까? 저건 피타고라스라고 하는 청년이 쌓아 올린 것인데, 아마 지금 그 앞에서 장작을 팔고 있을 겁니다."

잠시 생각에 잠긴 백발의 노인은 가게 주인에게 고맙다는 인사를 남기고 그 장작더미 앞으로 발걸음을 옮겼다.

"자네가 피타고라스인가?"

"예. 그렇습니다. 얼마나 드릴까요?"

"아니, 나는 장작이 필요해서 온 것이 아니고 그보다 더 중요한 것이 필요해서 왔네."

"더 중요한 거라뇨? 보시다시피 제가 가지고 있는 거라곤 이 장작들밖엔 없는데요."

"꼭 눈에 보이는 게 다는 아니라네. 그 얘긴 나중에 천천히 하기로 하고, 혹시 저 장작들을 자네 혼자 쌓아 올렸나?"

"예, 집에 있는 장작들을 아침부터 부지런히 옮겨다 쌓은 것입니다. 이걸 팔아야 집에 있는 식구들이 먹을 빵을 살 수가 있거든요."

"내가 빵을 살 돈과 오늘 하루 팔게 될 장작 값을 지불할 테니 내 부탁을 들어주지 않겠나? 별로 어려운 일은 아니니 너무 겁먹지는 말게. 저 장작더미 바로 옆에 장작들을 처음부터 다시 옮겨 쌓기만 하면 되네. 어떤가? 간단하지 않나?"

범상치 않아 보이는 노인의 이상스러운 제안에 피타고라스는 한동안 어리둥절할 수밖에 없었다. 그러나 곰곰이 생각해 보니 장작 쌓는 일이

야 늘 하던 일이고, 거기다가 적지 않은 돈까지 준다니 절대 손해 보는 장
사가 아니라는 생각이 들었다.

"그거야, 어려운 일은 아니죠. 예, 다시 쌓도록 하겠습니다. 대신 약속
하신 돈은 반드시 주셔야 합니다."

피타고라스는 노인의 부탁대로 옆 공터에 장작들을 차곡차곡 쌓기 시
작했고, 노인은 피타고라스의 장작 쌓는 모습을 팔짱을 낀 채 유심히 지
켜보았다. 이 노인이 정말 중요하다고 생각했던 것은 땔감으로 쓸 장작
도 아니고, 피타고라스의 노동력도 아니었다. 노인은 시장 입구에 쌓아
놓은 장작더미를 보고는 그 견고함에 매우 놀랐던 것이다. 그리곤 돈을
주면서까지 피타고라스의 장작 쌓는 솜씨를 보려 했고, 이후 피타고라스
가 남들과는 다른 자신만의 독특한 규칙을 토대로 장작을 쌓고 있음을
발견할 수 있었다.

"어르신. 부탁하신 대로 장작을 다 쌓아 놓았습니다."

흐르는 땀을 닦아 내며 피타고라스가 말했다.

"이보게, 피타고라스. 자네는 장작을 쌓으면서 어떠한 규칙에 의해 쌓
고 있다는 것을 알고 있는가?"

"규칙이요? 글쎄요. 저는 단지 이렇게 쌓아 올리면 더 튼튼하게 쌓을
수 있을 거라는 생각에 그렇게 할 뿐인데요."

"자네는 자네도 모르는 무의식중에 어떠한 규칙을 터득하고 있다네.
그 규칙이 정확히 무엇인지는 나도 잘 모르네만, 자네의 명석한 두뇌만
큼은 평범한 사람들에 비할 바가 아닌 것 같네. 이런 데서 장작을 팔며 허

송세월을 보내기엔 참으로 아까운 머리일세.”

노인은 잠시 말을 멈추고 주머니에서 묵직한 자루 하나를 꺼냈다.

“내 약속한 대로 빵과 장작 값, 그리고 당분간 생계를 유지할 수 있을 만큼의 돈을 줄 터이니 지금이라도 좋은 스승을 만나 학업에 정진하도록 하게나.”

노인은 피타고라스에게 돈 자루를 건네며 다음과 같은 짧은 한마디를 더 남기고는 시장 밖으로 사라졌다.

“명심하게, 젊은이. 분명 세상은 보이는 게 다가 아니라는 사실을.”

그리고 한참의 시간이 흘렀다. 이제 주름진 얼굴의 노인이 된 피타고라스가 장에 나타났다. 피타고라스는 그 옛날 자신의 모습을 떠올리게 하는 누더기를 걸친 한 소년을 발견했다.

“여보게, 젊은이! 나 좀 보세.”

누더기를 걸친 소년은 가던 길을 멈추었다.

수레 주변을 두리번거리던 소년은 약간 험상궂게 생겼지만 반짝반짝 빛나는 눈을 가진 노인이 자신을 응시하는 것을 보고 멈칫했다.

“저 말씀이세요? 혹시 제게 뭐 시키실 일이라도……. 저는 일자리를 구하고 있거든요. 어머니와 제 여동생을 먹여 살려야 하니까요.”

“그래, 알았네. …… 흠, 그렇다면 이러면 어떨까. 앞으로 자네 일은 내 가르침을 받는 것일세. 내게서 배우기만 한다면 자네가 일을 해서 버는 돈만큼을 내가 주겠네.”

젊은 시절, 장에서 참으로 이상한 노인을 만난 후 피타고라스는 시장에서 일하는 것보다 더 커다란 무엇인가를 성취할 수 있을 것 같다는 생각에 길을 떠났다. 밀레토스와 이집트, 바빌로니아를 두루 여행하면서 진리가 무엇인지를, 그리고 배움이라는 것이 얼마나 전율을 느끼게 하는지를 몸소 체험하고 돌아온 피타고라스는 이를 누군가에게 나누어 주고 싶어 장에 나온 것이다.

"돈을 주신다면야 뭐든 할 수 있어요. 사실 이상하기는 하지만 그렇다 해도 제게는 별 손해나는 일은 아닌 것 같네요."

스승을 자처하는 괴짜 노인이 수상쩍기는 했지만 소년은 어쨌든 이 노인의 제안을 받아들이기로 했다.

"자, 그럼 내일 아침부터 시작하지. 여기 이 자리에서 다시 만나자고."
다음 날 떠들썩한 장사꾼들의 외치는 소리와 썩은 생선 냄새, 막 구워 낸 구수한 빵 냄새, 그리고 왔다 갔다 하면서 짐을 실어 나르는 당나귀들의 땀 냄새가 뒤범벅이 된 이상한 곳에서 이들의 만남은 시작되었다. 마을 사람들이 물건을 사고팔며 흥정을 하는 동안 피타고라스와 그의 제자는 먼지 구덩이 속에 쪼그리고 앉아 수업을 했다. 소년에게는 이 괴짜 노인의 이야기들이 모두 처음 듣는 새로운 것들이었지만 무척이나 신기하고 재미있었다. 그리고 피타고라스는 약속대로 수업이 끝나면 꼬박꼬박 돈을 지불했다.

이렇게 피타고라스는 소년에게 가르침을 주었고 소년은 새로운 사실을 배우게 되었으며 그에 따라 소년에게 돈을 주는 일이 매일 반복되었다. 소년은 매우 똑똑한 학생일 뿐만 아니라 받은 돈을 차곡차곡 모으는

착실한 학생이었다. 사실 성실하고 영리한 제자를 가르치는 일은 스승인 피타고라스에게도 정말 신나는 일이 아닐 수 없었다. 그러나 불행하게도 피타고라스는 큰 부자가 아니었다. 소년의 배움이 커지면 커질수록 그의 돈은 점점 줄어 갔다.

"미안한 이야기지만 오늘이 마지막 수업이라네. 더 이상 자네에게 줄 돈이 없으니 내일부터 다른 일자리를 알아보도록 하게."

"피타고라스 선생님, 이제 와서 중단할 수는 없습니다. 저는 이제야 산수를 이해하게 되었고, 선생님은 앞으로 제게 천문학과 기하학도 가르쳐 주셔야 합니다."

"미안하네. 나에게는 더 이상 자네에게 줄 돈이 없네."

"알겠습니다, 선생님. 그럼 이렇게 하죠. 제가 사람들을 모으겠습니다. 제가 선생님의 가르침으로 배웠던 그 엄청난 지식을 돈을 받고 다른 사람들에게도 들려주십시오."

이 소년의 이름은 필로크라테스라고 전해진다. 피타고라스의 첫 번째 '학교'는 이처럼 필로크라테스라는 한 명의 학생에서 출발했다. 그리고 몇 년 뒤, 그는 이탈리아 남쪽에 진짜 학교를 세울 수 있게 되었다. 이 학교의 명성은 실로 대단하여 막강한 영향력을 발휘했으며 심지어는 지식에 대한 사람들의 사고방식까지 바꿀 수 있을 정도였다고 한다. 어떤 사람들은 그의 존재를 너무나 신비스럽게 여겨 그를 신의 아들이라고 생각하는 이도 있었다.

코끼리와 π

어른 코끼리의 발끝에서부터 어깨까지의 길이는 대략 코끼리의 발 길이에 2π를 곱한 값이다.

피타고라스의 생애

Pythagoras 기원전 580~500년경

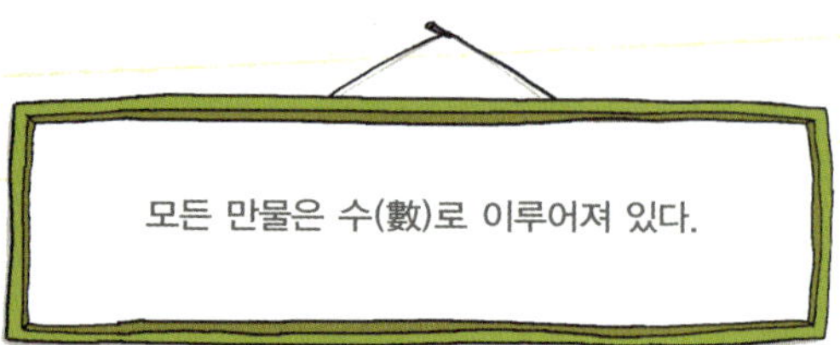

피타고라스는 '피타고라스 정리'로 오늘날 우리에게 매우 친숙한 이름이지만 실제 그의 행적과 일생은 자신이 설립한 학교처럼 안개 속에 묻혀 있기 때문에 전해 내려오는 이야기를 토대로 한 추측에 의존할 수밖에 없다. 그는 탈레스의 고향인 밀레토스와 그리 멀지 않은 에게 해의 사모스 섬에서 탈레스보다 대략 50년 뒤에 태어난 것으로 전해진다. 그런 점으로 보아 탈레스의 제자였을 가능성도 있다. 어쨌든 피타고라스도 탈레스처럼 이집트와 인도 등지를 여행하며 세상을 두루 돌아다니다 고향인 사모스로 돌아왔다고 한다. 그러나 사모스는 당시 그곳의 참주였던 폴리크라테스의 폭정 아래 있었고 이오니아의 다른 여러 지방들이 페르시아의 통치를 받고 있었기 때문에 이를 피해 이탈리아 반도의 남부에 위치하고 있던 그리스의 항구 도시 크로톤(지금의 크로토나)으로 이주하여 그 유명한 피타고라스 학교를 세웠다. 앞의 이야기는 바로 이 무렵의 것으로 보인다.

피타고라스 학교의 학생들은 모두가 어른들이었다. 그는 학생들을 오늘날 수준별 학습과 같이 지식의 정도에 따라 두 반으로 나누었다. 첫 번째 반은 듣는 사람들이라는 뜻인 아쿠스티치(acoustici)라고 불렀다. 이들은 피타고라스의 강연을 듣기 위해 몰려들었지만 결코 그를 볼 수는 없었다. 피타고라스는 커튼 뒤에서 강연을 했으며 수학자라는 뜻의 매스매티치(mathematici)라는 두 번째 반 사람들만이 그를 볼 수 있었다.

피타고라스는 모래 위에서 문제를 풀었다고 한다. 그래서 교실 바닥에는 항상 모래가 곱게 깔려 있었으며 그의 조수들은 여러 색깔의 모래들을 준비해 두었다. 예를 들어, 피타고라스가 기하학적 도형의 일부분을 가리키고자 하면, 청중들이 쉽게 구별할 수 있도록 조수들은 그 부분을 색깔 있는 모래로 덮었다.

피타고라스는 '매스매타(mathmata)' 에 대한 강연을 했는데, 이는 그가 만든 용어로 모든 종류의 학문을 뜻했다. 그의 강연은 산수와 기하학에 중점을 두었기 때문에 이 단어는 오늘날 수학을 뜻하는 영어 단어인 매스매틱스(mathmatics)의 어원이 되었다. 그는 천문학과 음악도 강의했지만, 이 세상의 만물은 모두 수로 이루어졌다고 믿고 있었다. 피타고

라스와 그의 추종자들은 "이 세상의 모든 것은 수(數)이다"라는 슬로건을 내걸었다. 그들은 수를 이해할 수만 있다면 삶의 수수께끼를 푸는 열쇠를 갖는 것과 마찬가지라고 굳게 믿었다.

피타고라스와 그의 추종자들은 지식의 위력에 대해 확신을 갖고 있었기 때문에 이를 남들이 이용할까 두려워했다. 그래서 자신들이 알고 있는 사실들을 비밀에 부쳤다. 그들의 학교는 마침내 '비밀 협회'가 되었고 여기에 가입하는 사람들은 자신들이 한 발견을 결코 외부에 알리지 않겠다는 서약을 해야 했다. 만일 발설하면 그 결과는 죽음이었다. 그래서 당시 크로톤에는 다음과 같은 대화가 떠돌았다.

"히파수스에 대한 이야기를 들어 본 적이 있나?"

"그래, 정말 무시무시해. 비밀 협회의 서약을 깨뜨린 것이 이유라니. 이건 뭔가 잘못된 일이야."

"그렇지만 신은 항상 정의로워. 그 친구는 차라리 무리수 발견에 대해 털어놓는 것이 낫다고 생각했겠지."

"그 친구는 자신이 피타고라스 학파의 비밀 협회에서 추방될 것이라는 사실을 틀림없이 알고 있었을 거야. 자네는 그 친구가 자신이 처벌받을 것을 알고 있었으리라고 생각하나?"

"글쎄, 잘 모르겠어. 그러나 어쨌든 그의 죽음에 미심쩍은 구석이 있는 것만은 틀림없어. 날씨도 화창한데 보트를 타다가 물에 빠져 죽다니."

사람들은 피타고라스 학교를 비밀 협회라 부르며 항상 화제로 삼았다. 어른들을 위한 학교는 여러 곳에 있었지만 이 학교는 다른 학교와 달랐

다. 이들은 자신들만의 독특한 입학식과 의식을 행함으로써 일종의 종교 집단처럼 되어 버렸다. 300명의 비밀 협회 회원들은 자신들의 소유물을 언제나 나누어 가졌다. 이들의 동료 의식을 잘 말해 주는 다음과 같은 이야기가 전해 내려오고 있다.

옛날 어느 왕이 다스리는 작은 마을에 피디아스와 다몬이라는 두 청년이 살고 있었다. 그런데 피디아스는 왕에 대항했다는 죄목으로 감옥에 갇혀 사형 선고를 받았다. 처형당할 날이 다가오자 피디아스는 죽기 전에 마지막으로 고향에 있는 부모님을 한 번만 만나게 해 달라고 왕에게 간청했다. 그러나 왕은 피디아스가 도망치기 위해 잔꾀를 부린다면서 그의 청을 들어 주지 않았다.

그때 친구 다몬이 피디아스는 약속을 꼭 지키는 사람이라고 하면서 자신이 대신 감옥에 들어가겠다고 했다. 뿐만 아니라 만일 처형 날짜까지 피디아스가 돌아오지 않는다면 기꺼이 자신의 목숨을 내놓겠다고 말했다. 결국 왕은 다몬을 감옥에 가두고 피디아스를 풀어 주었다.

그런데 약속한 날짜가 다 되어도 피디아스로부터는 아무런 연락이 없었다. 그러나 다몬은 친구를 비난하거나 슬퍼하지 않고 그가 도망친 것이 아니라 어떤 불의의 사고를 당했을 것이라고 생각했다. 마침내 처형일이 다가와 다몬은 사형대에 올랐다. 바로 그때, 결코 돌아올 것 같지 않던 피디아스가 사형장에 모습을 나타냈다. 그는 돌아오는 길에 폭풍과 조난 사고를 당해서 그때서야 가까스로 도착할 수 있었던 것이다.

두 친구의 진실한 우정을 보고 감격한 왕은 "나도 저런 진실한 친구를 얻을 수 있다면 왕위라도 내놓고 싶다."고 말하며 두 사람을 풀어 주었다.

이 이야기의 주인공인 피디아스와 다몬은 피타고라스의 제자들이다. 죽음도 대신할 수 있었던 이들은 서로간의 동료애를 기념하기 위하여 자신들의 모임을 상징하는 별표를 달고 다녔다고 한다. 전해 내려오는 또 다른 이야기에 의하면, 여행 중에 병에 걸린 피타고라스의 한 제자가 여관 주인의 극진한 간호에도 불구하고 끝내 숨을 거두면서 자신의 별표를 밖에 걸어 놓아 달라고 부탁했다. 지나가던 다른 제자가 이를 보고 여관에 들어가 주인의 이야기를 듣고 나서는 여관 주인에게 후한 보답을 했다고 한다.

피타고라스 학파는 다른 종교 집단과 마찬가지로 이상한 의식과 금기

를 갖고 있었다. 이들은 특히 동물들을 극진히 대해 주었는데, 인간의 영혼은 사후에 동물의 신체를 빌려 살다가 다시 인간으로 태어난다는 윤회설과 유사한 믿음을 가지고 있었기 때문이다. 또한 채식주의자들이었으며 양털로 짠 옷은 결코 입지 않았다. 높은 곳보다는 낮은 곳으로 나 있는 길로 다녔는데, 이는 항상 겸손해야 한다는 믿음 때문이었다. 쇠막대기로 화로를 쑤시는 것도 금기시했는데, 그 이유는 불이 진리의 상징이라고 믿었기 때문이다. 또한 하얀 수탉과 콩은 완전함을 상징한다고 생각해 만지지도 먹지도 않았다.

어떤 면에서 이들 비밀 협회는 꽤 앞서 가는 곳이었다. 피타고라스가 살던 시대에는 여성이 어떤 종류의 공공 집회에도 나올 수가 없었다. 그렇지만 피타고라스는 여성들의 입학을 허락했다. 물론 이들도 남자들과 같은 절차를 따라야만 했는데, 그럼에도 불구하고 한때 매스매티치 반의 학생들 가운데 최소한 28명이 여자였다고 한다.

피타고라스는 자신의 것을 다른 사람들과 모두 나누어 가졌기 때문에

피타고라스가 발견한 것과 학생들이 발견한 것을 구별하기가 쉽지 않다. '피타고라스 정리'라고 부르는 직각삼각형의 세 변의 길이에 대한 이론도 피타고라스 자신이 직접 증명했는지 아니면 그의 학생들이 증명했는지 확실하지 않다. 어쨌든 그가 자신의 모든 것을 학생들과 함께 나누어 가졌던 것만은 틀림없는 사실이다.

피타고라스가 자신의 학생들과 나누어 가지려고 했던 것은 바로 진리 추구였다. 이는 오늘날 부와 명예를 얻을 수 있다는 이유로 사업가나 변호사, 의사와 같은 직업을 선호하는 우리 사회와는 달리, 당시 그리스 사회에서는 철학자, 예술가, 수학자 등이 존경받고 사회 지도층이 바로 이들이었다는 사실과 결코 무관하지 않을 것이다.

피타고라스가 살았던 당시 그리스인들은 생계를 위해 돈을 버는 것은 필요하지만 돈만 추구하는 것은 매우 한심하다고 여겼다. 노동이란 인간에게서 정력과 시간을 빼앗아 지적인 활동과 건전한 시민으로서의 의무를 수행하는 데 방해가 된다고 생각했던 것이다. 이 때문에 그리스 사람들은 노동이나 사업 활동을 경멸했다.

플라톤도 사업에만 전념하는 자유인은 처벌받아 마땅하며, 물질만능주의는 '행복한 돼지'들을 우글거리게 하는 거라고 주장했다. 당시의 역사가이며 정치가였던 제노피아도 "기계적인 기술은 그 사회를 침체시키므로 마땅히 우리 사회에서 쫓아내야 한다."고 주장했다. 아리스토텔레스도 시민들이 기술과 노동에 시간을 쓰지 않는 이상적인 사회를 갈망했다. 심지어 고대 그리스의 어느 도시국가에는 자유민이 상업에 종사하면 10년 동안 감옥에 가두는 법이 있었다고 한다. 그러면 일상생활에 필요한 음식이나 의복 등의 생활용품은 누가 제공했을까? 바로 노예와 평민들이었다. 노예는 또한 시민들을 위해 노동과 기술을 제공하며, 의약품을 취급하는 일 따위를 담당했다. 실제로 고대 그리스 시대에는 이론과 실습이 분리되었고 실생활에 적용할 수 있는지의 여부와는 상관없이 수학과 과학 이론을 연구했다.

피타고라스가 연구했던 수도 자연을 탐구하는 수단이었을 뿐 장사꾼을 위한 산술이 아니었다. 피타고라스는 수의 성질에 대해 연구하면서 자연수를 기하학적 형태인 도형, 곧 삼각형, 사각형, 오각형 등으로 분류했는데 여기에는 결코 실용적인 목적이 있었던 것이 아니었고 또 그럴 수도 없었다. 왜냐하면 당시의 그리스인들은 오늘날과 같은 수 체계나 표기법을 갖고 있지 않았기 때문에 모래밭에 있는 조개들이나 어떤 도형

아리스토텔레스 Aristoteles 기원전 384~322년경. 고대 그리스의 철학자이며 과학자. 플라톤과 함께 그리스 최고의 사상가로 꼽힌다. 물리학·화학·생물학·동물학·정치학·윤리학·논리학·형이상학·역사·문예이론·수사학 등 다양한 분야에 대해 연구했다. 그가 세운 철학과 과학 체계는 서양 지성사의 방향과 내용에 매우 큰 영향을 끼쳤다.

들의 점을 이용하여 수를 나타내는 시각적인 수단에 의존해야만 했기 때문이다. 오히려 숫자가 없었기에 수가 가진 아름다운 성질들을 깊이 연구할 수 있었다고 해도 틀린 말이 아닐 것이다.

오늘날 피타고라스의 가장 큰 업적이라고 할 수 있는 무리수의 발견은 이 말을 더욱 뒷받침한다.

우리 생활에는 개수를 세는 것 이외에 여러 가지 양을 측정하는 수단도 필요하다. 양을 측정할 때는 분수가 동원되기 때문에 자연스럽게 유리수를 사용하게 되었다.

유리수는 그리스어로 로고스(logos)라고 불렀는데 이는 유리수의 정의와 일치하는 '두 정수의 비(比)'라는 뜻도 있지만 '말' 또는 '말하다'라는 의미도 가진다. 반면에 무리수는 그리스어로 알로고스(alogos)라고 하는데, 이는 로고스와 반대되는 말로 '비가 아님'과 '말할 수 없음'이라는 이중의 뜻이 있다. 이 때문에 피타고라스 학파는 무리수의 발견을 비밀에 부쳤는지도 모른다.

위대한 사상가들의 진가를 항상 시대가 알아주는 것은 아니다. 피타고라스 학파의 비밀스러움은 많은 오해를 낳을 수밖에 없었다. 그들의 행동과 사상도 당시 사람들에게는 매우 기이하게 비쳐졌다. 사람들은 피타고라스가 정부를 전복시킬지도 모른다는 두려움을 갖게 되었다. 그들은 당시에 많은 재산을 가지고 있던 피타고라스가 자신들의 부를 빼앗은 장본인이라고 비난했다. 기원전 500년경의 어느 날, 성난 폭도들이 피타고라스의 학교에 침입하여 불을 질렀다. 겨우 몇 사람만이 살아남았는데,

이때 피타고라스도 사망했다. 전해 내려오는 이야기에 따르면 학생들은 피타고라스를 탈출시키기 위해서 자신들의 몸으로 다리를 만들었다고 한다. 그런데 그는 콩밭에 이르자 성스러운 식물인 콩을 훼손시키지 않기 위해 폭도들에게 자신의 몸을 내맡겼다고 한다.

어쨌든 이때만 해도 남부 이탈리아와 시칠리아의 전역에는 비밀 협회의 지부가 설립되어 있었다. 그 뒤 여러 해 동안 수많은 남녀들이 계속해서 피타고라스가 소개한 사상에 대해 토론했다. 오늘날에도 기하학을 비롯한 수준 높은 수학을 공부하는 학생들은 모두 피타고라스가 발견한 업적을 중심으로 공부를 한다.

피타고라스의 수학은 이 세상의 진리 그 자체를 추구하는 한 수단이었다. 그래서 그는 기꺼이 돈을 주면서까지 자신의 지식과 지혜를 함께 공유하려 했다. 피타고라스가 죽고 비밀 협회가 종말을 고한 뒤에도 앎과 진리에 대한 추구는 오늘날까지 계속되고 있다.

중세 시대가 막을 내린 데에는 다음 세 가지 사건의 역할이 컸다. 첫 번째로 1453년에 투르크족은 대포를 사용하여 콘스탄티노플을 쉽게 점령했다. 이 사건으로 화약과 대포의 위력이 유럽에 알려져, 유럽에서도 이것을 무기로 사용하게 되었다. 그 결과 자신들의 성 안에서 종종 왕을 무시하던 유럽의 봉건 영주가 자취를 감추게 되었으며, 왕과 교회의 지위가 바뀌게 되었다. 전에는 교회가 이름뿐인 왕을 후원했으나 이후로는 왕이 교회를 후원하게 된 것이다.

두 번째 사건은 15세기로 전환되는 시점에서 이루어진 신세계의 발견이다. 콜럼버스는 아메리카를 발견했고, 바스코 다 가마는 인도로 갈 수 있는 항로를 발견했으며(1498), 마젤란의 함대는 지구를 일주하는 항해를 하게 되었다(1591~1522). 이러한 신항로의 발견은 성능 좋은 시계의 발명을 가져왔고 천문학이 발달하는 계기가 되었다. 그리고 더 세련된 삼각 함수 등 정확한 과학이 필요해졌다. 이때 등장한 수학자들이 주로 영국, 프랑스, 네덜란드 태생이라는 사실이 우연만은 아닐 것이다. 이 나라들은 어느 날 갑자기 해양 세계의 중심을 차지하게 되었는데, 그 이유는 에스파냐나 포르투갈과는 달리 이 나라들에서 교회의 영향력이 급속도로 약화되었기 때문이다.

세 번째 사건은 활판 인쇄술의 발명에서 비롯된 정보의 대중화로, 다른 무엇보다 가장 중요한 사건이라 할 수 있다. 중국에서는 이미 9세기 이후부터 부적을 인쇄하기 위해 활자 인쇄술을 발명, 사용해 왔다. 활자 인쇄는 한 사람만의 획기적인 발명이라고 주장할 수는 없지만, 일반적으로 1456년에 이 방법으로 성경을 인쇄하여 출판한 구텐베르크에게 그 공을 돌린다. 그 전까지는 대개 수도원에 있는 수도사들 가운데 한 사람이 서기들을 모아 놓고 성경의 원본을 베껴 쓰거나, 아니면 목판에 인쇄할 기록물을 일일이 조각하는 힘든 과정을 거쳐야 했다. 무엇보다도 활자 인쇄의 발명으로 교회가 갖고 있던 지식의 독점권이 상실되었다는 점이 의미가 있다. 이후로는 일반인들도 쉽게 책을 접할 수 있게 되어 대중들의 의식 수준은 눈에 띄게 향상되었다.

또한 활자 인쇄술의 발달로 수학 교과서가 대량으로 생산되었다. 이는 수학 교과서가 더 이상 교육받은 사람들의 언어인 라틴어로만 출판되지 않고 각국의 언어로 출판되었다는 것을 의미한다. 물론 19세기까지도 높은 수준의 수학 책들은 라틴어로 출판되었지만, 초보적인 수학 교과서는 영어, 불어, 독일어, 이탈리아어, 네덜란드어와 그 밖의 언어로 쓰이기 시작했다(이 가운데 몇몇은 활자가 발명되기 전에 이미 나타났다).

활자의 발명은 또 다른 면에서 수학 연구에 영향을 끼쳤다. 중세 말에 수학자들은 도전적인 논쟁을 하는 모임을 가져 서로 문제를 제기했는데, 때로는 상당히 큰돈을 걸고 대결을 벌이기도 했다. 1535년에 베네치아에서 벌어진 안토니오 피오레와 니콜로 타르탈리아 사이에 벌어진 수학

경연에서는 패자가 승자와 그의 친구들에게 30회의 파티를 베푸는 조항도 있었다. 자연히 이들 '프로' 수학 선수들은 자신들의 작업 비밀을 꽁꽁 감추게 되었다. 예를 들어, 앞에서 벌어진 경연에 내걸린 문제는 방정식 $x^3+ax=b$를 푸는 것이었다. 그런데 타르탈리아는 이 문제의 풀이 방법을 알아내고는 이것을 확률론의 창시자인 지롤라모 카르다노에게 알려 주고 비밀을 지킬 것을 맹세했다. 그렇지만 그 후 카르다노가 삼차방정식의 일반해를 자신이 발견한 양 발표해 버렸고 이로 말미암아 둘 사이에는 격렬한 싸움이 벌어졌다. 그런데 사실은 타르탈리아의 해법도 다른 사람이 발견한 것이다.

활자 인쇄의 발명은 이 모든 것들을 바꿔 놓았다. 수학자들은 상금을 놓고 싸우기보다는 학자로서의 명성이라는 더욱더 확실한 길을 발견했기 때문이다. 곧 세상에 공표하느냐 아니면 사라져 버리느냐 하는 게임을 놓고 수학은 새로운 길을 걷게 되었다. 그리하여 17세기에 이르면 유럽의 수학이 동양의 수학을 훨씬 앞서게 된다.

유클리드
Euclid

전형적인 수학자의 연구는 이 세상을 통틀어 극히 소수, 많아야 몇 백 명 정도의 이른바 전문가 집단이라는 사람들만이 이해할 수 있는 것이다. 그런데도 수학자들은 자신들의 연구가 이 세계를 구성하는 중요한 요소라고 생각하는데, 그 연구는 우주가 창조된 그 순간부터 영원히 들어맞는 진리를 담고 있다는 것이다.

– 필리프 데이비스, 로이벤 허시 –

수학에는 왕도가 없다

새 학기가 시작되어 모두가 분주한 이른 아침. 어찌 된 일인지 마이클은 꿈에서 깨어날 생각도 하지 않고 자리에서 일어날 줄 모르고 있었다.

"마이클! 마이클! 얘가 지금 몇 신데 아직까지 안 일어나고 있어."

방문을 열고 들어오신 엄마는 마이클을 흔들어 깨우기 시작했다.

"마이클, 어서 일어나. 빨리 아침밥 먹고 학교 가야지."

잠에서 덜 깬 마이클은 여전히 비몽사몽이었다. 간신히 눈꺼풀을 들어 가늘게 실눈을 뜨고는 짜증 섞인 목소리로 투덜대기 시작했다.

"아, 수요일. 정말 싫은 날이야. 학교 안 가면 안 돼요? 첫 시간부터 재미없는 수학 시간이야. 그리고 오늘은 내가 좋아하는 음악이나 체육 시간은 하나도 없단 말예요."

"마이클. 네가 좋아하는 과목만 배우기 위해서 학교가 있는 건 아니지 않니?”

“전 그냥 친구들하고 공놀이를 하거나 컴퓨터 게임하는 게 더 재미있어요. 수학은 정말 따분하고 지루하단 말예요. 도대체 그딴 걸 배워서 어디에 써먹는지 모르겠어요.”

마이클의 투덜대는 소리는 식탁 위에서도 그칠 줄을 몰랐다.

거실에서 신문을 보고 계시다 마이클의 투정을 듣게 된 아빠가 식탁에 앉으며 말씀하셨다.

“허허, 이 녀석. 유클리드 할아버지가 네 말을 들었다면 아마 너에게 동전 세 닢 정도는 던져 줬을 거다.”

“유클리드 할아버지요? 동전이라뇨? 그게 무슨 말씀이세요, 아빠?”

“옛날의 유명한 수학자였지. 아주 옛날에, 그러니까 지금으로부터 2천 년도 훨씬 전의 일이지.”

“우와! 그렇게나 옛날요?”

“그렇단다. 수학이라는 학문도 그만큼 아주 오랜 역사를 지니고 있어.”

“그럼 수학을 지금만 배우는 게 아니라는 말씀이세요?”

“그럼. 어쩌면 인간이라는 동물이 이 땅에 태어나서, 생각이라는 것을 하기 시작하면서부터 수학은 출발했다고 해도 틀린 말은 아닐 거다. 그리고 지금도 수학을 가르치지 않는 나라는 이 세상에 없으니까.”

“우리는 영어를 배우고 있지만, 어쩌면 아프리카 같은 곳에서는 배우지 않을 수도 있겠네요. 그런데 그곳 학교에서도 수학은 가르치고 있다는 말이죠?”

"그렇지. 역사가 오래되었으면서 동시에 세계 어느 곳에서나 가르치
는 과목은 수학밖에 없단다."

"그런데 유클리드 할아버지는 누구예요? 느닷없이 웬 수학자?"

"2천 년 전쯤, 그리스 일대에 유클리드라는 위대한 수학자가 살았단
다. 그의 수학 실력은 워낙 뛰어나서 평소 학문에 관심이 많았던 왕마저
도 반할 정도였지. 왕은 그의 능력을 인정해 당시 학문의 중심지라고 할
수 있는 알렉산드리아 대학이라는 곳에 교수로 불렀고, 이후에도 여러
가지 지원을 아끼지 않았단다."

"정말 대단한 분이셨나 보네요. 왕이 직접 교수로 부를 정도였다니,
우리 선생님보다도 수학을 더 잘했겠어요."

"그 당시의 수학과 지금의 수학을 단순히 비교할 수는 없지만, 네가
학교에서 배우는 수학의 대부분은 유클리드 할아버지가 쓴 책에 있는 내
용에서 시작된 것이란다."

당시 유클리드는 기하학을 중점적으로 연구했는데, 물론 지금과 같은
수학 교과서나 참고서가 있을 리 만무했다. 이에 대해 늘 고민하던 유클
리드는 기하학을 연구하고 가르치기 위해서는 체계적으로 잘 정리된 일
종의 수학책이 절실하게 필요하다는 생각을 하게 되었다.

결국 유클리드는 자신의 선배들인 피타고라스나 플라톤, 히포크라테
스 같은 대수학자들의 이론을 하나하나 모으기 시작했다. 그리고 마침내
지금까지의 기하학 이론을 체계적으로 집대성한 《기하학 원본》이라는
책을 완성하게 되었다. 이는 수학사에 있어 가장 위대한 업적 중 하나로

꼽을 만큼 대단한 성과였고, 이 책은 무려 2천 년이 넘도록 기하학의 교과서로 군림하게 되었다. 현재 우리가 학교에서 배우고 있는 수학책도 바로 유클리드의 《기하학 원본》에서부터 시작되었다고 할 수 있다. 그런 면에서 유클리드는 수학자라기보다 오늘날의 출판사 편집인이라 해도 틀린 말은 아니다.

유클리드에 대한 자세한 설명을 듣고 나서도 마이클은 여전히 수학 공부에 불만이 풀리지 않았다.

"헤헤, 이제야 알겠어요. 이렇게 지루하고 따분한 수학 공부를 하게 만든 장본인이 유클리드라는 사람이네요. 사실 이런 책을 누가 제일 먼저 만들었을까 늘 궁금했었거든요."

"수학을 지루하고 따분하게 생각하는 사람은 우리 마이클뿐만이 아니란다. 사실은 마이클처럼 수학을 배워 봤자 써먹지도 못하는 불필요한 학문으로 여겼던 사람이 유클리드가 살던 시대에도 있었어."

"정말요?"

"그렇단다. 그 당시에도 분명 있었어. 유클리드가 알렉산드리아 대학에서 강의를 하고 있을 때의 일이란다. 이미 유클리드의 명성은 나날이 높아져 그의 밑에서 공부하고자 하는 학생들로 넘쳐났었지. 그러나 지금도 그렇지만 수학이라는 학문은 매우 어려웠고, 대부분의 학생들이 잘 이해를 하지 못했어. 그러던 어느 날, 멀리서 알렉산드리아로 유학 온 제자 하나가 강의 도중 손을 번쩍 들면서 이렇게 얘기했단다. '선생님. 수학은 너무 지루하고 따분합니다. 이렇게 어려운 수학을 배운다고 무슨 이익이 있겠습니까?’”

“좀 전에 내가 했던 질문 아니에요? 정말 나만 그런 게 아니고 옛날에도 그런 질문을 한 사람이 있어요?”

“그렇단다. 그런데 그 질문을 듣고 유클리드 선생님이 뭐라고 대답했는지 아니?”

마이클은 곰곰이 생각해 보았지만, 쉽게 떠오르지가 않았다.

“글쎄요. 뭐라고 대답했는데요?”

“유클리드 선생님은 그 질문을 받고는 기분이 약간 언짢아지셨어. 그래서 강의실 밖에 대기하고 있던 하인을 불러 이렇게 말했다는구나. ‘여봐라, 자기가 배운 것으로부터 반드시 이득을 얻으려고만 하는 저 친구에게는 동전 세 닢만 던져 주고 이 강의실에서 쫓아내라.’”

“아니, 왜 유클리드 선생님이 그 제자를 쫓아내려고 했죠?”

마이클은 마치 자신이 강의실에서 쫓겨난 것처럼 의기소침해져 알쏭달쏭하다는 표정을 지으며 머리를 긁적였다. 그런 아들의 표정을 보곤, 아빠가 미소를 지으며 말씀하셨다.

“유클리드가 말하고자 했던 것은 바로 이런 거란다. 무엇을 배운다는 것은 반드시 그것을 통해 뭔가 이익을 얻거나 어딘가에 써먹기 위함만은 아니라는 것이지.”

“써먹기 위한 것이 아니라면 무엇 때문에 배우죠?”

마이클은 아직도 이해할 수 없다는 표정이었다.

“음악을 배우는 것도 당장 어딘가에 써먹기 위한 것은 아니잖아. 유클리드는 그런 실용적인 면보다는 배우고 알아 간다는 그 자체로서 학문의 가치가 있음을 얘기하려고 했던 거야."

"글쎄요. 확실하게 이해는 잘 안 되지만…… 음, 당장 뭔가에 써먹기 위해 배우는 것도 있지만 배우는 자체가 재미를 주기도 하는군요. 언젠가는 필요하기도 하고요."

"기특하구나. 너 수영 배울 때 기억나니?"

"예, 지금 제 별명이 물개잖아요. 하지만 맨 처음에는 물이 얼마나 무서웠는데요."

"그래, 수영을 할 수 있다는 것도 중요하지만 수영을 할 수 있게 되니까 예전에 바닷가에 갔을 때와는 다르지 않니?"

"그래요. 이제는 바다가 내 친구 같아요. 바닷속을 마음 놓고 들여다볼 수 있으니까요."

"배움이란 그런 것이란다. 너도 당장 어딘가에 써먹어야만 한다는 생각보다는 하나하나 배우고 알아 가는 데에 의미를 둔다면 수학이 좀 더 재미있지 않을까?"

"그런데요, 아빠. 전 수학을 잘 하고 싶어도 그게 쉽지가 않아요. 수학을 쉽고 간단하게 공부하는 방법은 없어요?"

"하하, 이 녀석이 오늘 따라 유클리드 할아버지한테 혼날 소리만 하는구나. 하하."

"예? 그건 또 무슨 말씀이세요?"

"너랑 똑같은 얘기를 한 사람이 또 있었지. 유클리드의 제자 중에 이집트의 통치자였던 프톨레마이오스라는 왕의 이야기야."

아빠는 마이클에게 프톨레마이오스 왕의 이야기를 들려주었다.

"왕이 청년이었을 때 그는 유클리드의 제자였어. 알렉산드리아 궁전 대학의 창립을 기념하는 만찬이 열렸는데, 모두들 왕의 업적을 찬양하며 축배를 들고 있었단다. 유클리드도 그 중의 한 사람이었지. 자신의 스승인 유클리드를 발견한 왕은 그에게 다가와 이렇게 얘기했어.

'유클리드, 당신의 훌륭한 가르침을 찬양하오. 그런데 말이오. 당신도 알다시피 나는 이것저것 할 일이 많은 사람이오. 기하학 공부에만 매달리기엔 나에게 주어진 시간이 너무 짧단 말이오. 유클리드, 기하학을 좀 더 쉽게 공부할 수 있는 지름길은 없겠소?'

왕의 이야기를 들은 유클리드는 조용히 입을 열며 공손하게 대답했단다.

'폐하, 이집트 전역에는 두 종류의 길이 있습니다. 하나는 폐하를 위한 길이고, 다른 하나는 보통 사람들을 위한 길이지요. 그러나 폐하, 기하학에는 폐하만을 위한 왕도는 없사옵니다.'

뭔가 특별한 대답을 기대했던 왕은 유클리드의 말을 듣고 얼굴이 벌겋게 달아 올랐지만, 아무 말도 할 수가 없었단다."

"아, 예. 결국 수학 공부는 특별한 지름길을 찾기보다는 인내를 갖고 하나하나 해결해 나가야 한다는 말씀이시죠?"

"그렇지. 우리 마이클이 이젠 유클리드 할아버지의 말씀을 아주 잘 이해하는구나."

"헤헤. 유클리드 할아버지와 같은 시대에 살지 않아서 얼마나 다행인지 몰라요."

"그건 또 무슨 소리냐?"

"만약 유클리드 할아버지가 옆에 있었다면 전 오늘 아침에 벌써 두 번이나 혼날 뻔한 거잖아요."

"뭐라고? 하하하!"

피아노 건반과 피보나치 수열

피보나치 수열은 다음 수열과 같이 앞의 두 항의 합이 다음 항의 값이 되는 수열이다.

1, 1, 2(=1+1), 3(=1+2), 5(=2+3), 8(=3+5), 13(=5+8), 21(=8+13), ……

피아노 건반 위에서도 이 피보나치 수열을 발견할 수가 있는데, 한 옥타브 안에는 각각 2개의 검은 건반과 3개의 검은 건반이 분리되어 있고, 이들을 모두 8개의 하얀 건반에 연결하여 모두 13개의 건반이 들어 있다. 이들 수의 배열인 2, 3, 5, 8, 13을 피보나치 수열이라고 한다.

유클리드의 생애

Euclid 기원전 330~275년경

배운 것으로 이익을 얻어야만 하는 저 친구에게
동전 세 닢을 주어라!

기원전 338년, 그리스 북쪽에 자리잡은 마케도니아 왕국은 마침내 아테네를 정복하여 그리스는 마케도니아 제국의 일부가 되었다. 아버지 필리포스 왕의 대를 이은 정복자 알렉산드로스 대왕은 화려했던 고대 문명 세계들을 거침없이 정복하여 영토를 넓혔다. 기원전 332년에 이집트를 정복한 알렉산드로스는 자신의 이름을 딴 새로운 도시 알렉산드리아를 계획적으로 건설하여 그리스 문명을 이어받은 새로운 문명의 중심지로 부각시켰다. 이집트 정복은 지금까지 그가 해 왔던 전쟁과는 성격이 달

알렉산드로스 대왕 Alexandros Ⅲ 기원전 356~323년. 마케도니아의 왕(기원전 336~323 재위)으로 페르시아 제국을 무너뜨리고 끊임없는 정복 사업을 통해 헬레니즘 세계의 토대를 쌓았다.

랐다. 그는 수많은 학자들을 대동하여 학술 조사를 하게 했고 자료를 수집하여 그리스에 동방 세계를 알렸다. 또한 그리스 문화가 동방으로 확산될 수 있는 빌미를 만들었다.

이리하여 알렉산드로스는 동서의 두 문화를 맺어 주는 새로운 시대를 열었다. 이를 우리는 헬레니즘이라 부르는데 넓게는 그리스 정신과 문화 전체를 가리키는 말로 사용되는 경우도 있으나 역사적으로 알렉산드로스 대왕 때부터 로마가 이집트를 정복하여 주변 세계를 통일할 때까지 약 300년 동안의 세월을 말한다.

승승장구하던 대왕은 기원전 323년에 급작스러운 죽음을 맞이했지만, 알렉산드리아는 지리적인 여건을 잘 활용하여 당시 세계 무역의 중심지로 발돋움했을 뿐만 아니라 학문과 예술의 중심지로 번창할 수 있었다. 이러한 배경에는 기원전 306년까지 이 도시를 통치한 알렉산드로스 대왕의 친구이자 부하였던 프톨레마이오스가 있었다. 그는 이 도시를 이집트의 수도로 정하고 세계에서 가장 오래된 도서관이자 최초의 국제적인 대학을 설립했다. 프톨레마이오스는 직접 아테네로 건너가 도서관의

프톨레마이오스 ptolemaeos 기원전 367/366~283/282년. 마케도니아 장군 출신으로 알렉산드로스 대왕 밑에 있다가 뒤에 이집트에서 프톨레마이오스 왕조를 열고 초대 왕이 되었다. 알렉산드로스의 초기 유럽 원정에 참여하는 등 그의 밑에서 많은 공을 세웠고, 신임을 받았다.

책임자를 구하는 등 각국의 유명한 학자들을 이 대학에 초청했다. 유클리드도 이때 이 대학의 수학과를 책임지기 위해 이곳에 초청되었던 것으로 짐작된다. 그러나 훌륭한 도서관이자 박물관이며 대학이었던 이곳은 오늘날에는 그 흔적조차 없으며 정확한 위치도 추측만 할 따름이다.

유클리드의 생애에 대해서 정확하게 알려진 것은 거의 없다. 다만 기원전 365년경에 태어났으며(이것도 추측일 따름이다.) 마흔 살에 《기하학 원본》을 집필했다는 것만 알려져 있을 뿐이다. 심지어 태어난 나라도 분명하지 않은데, 그리스인 아니면 이집트인이었을 것으로 생각된다. 아테네에서 공부했을 가능성이 많지만 현재로서는 확실한 그 어떤 것도 알 수가 없다. 그러나 정황으로 보아 그가 수학사에 모습을 드러낸 시기는 대략 기원전 300년 무렵일 것으로 짐작된다.

유클리드는 세계에서 가장 성공한 교과서 집필자였다. 그는 여러 책을 집필했지만, 그 가운데서도 가장 유명한 것은 《기하학 원본(Stoicheia)》이다. 최초의 인쇄본이 나온 이후 지금까지 1천 판이 넘게 인쇄되었고, 2천 년 이상 학교 수학에서 기하학의 교과서로 군림하고 있으니 성경보다 더 성공적인 작품이라고 하지 않을 수 없다. 유클리드는 그당시 축적되어 있던 수학적 지식의 정수만을 통합하여 훌륭하게 잘 정리하여 오늘날의 빌 게이츠만큼이나 세계에 영향력을 행사한 사람이 되었던 것이다.

당시의 관습대로 《기하학 원본》의 모든 원고는 두루마리처럼 긴 모양의 양피지나 파피루스에 기록되었는데, 각각의 두루마리를 한 권(volume)이라고 했다. 이때 볼륨은 라틴어로 두루마리(roll)라는 뜻이다. 커다란 두루마리는 운반할 때 거추장스럽기 때문에 작은 두루마리로 나누었는데 이를 책(book)이라는 뜻의 비블리아(biblia, 영어로 바이블 bibles)라고 했다. 《기하학 원본》에는 유클리드 자신의 독창적인 내용은 많지 않은데 가장 큰 특징은 그 형태가 단순하고 논리적으로 연결되어 있다는 점이며 이 때문에 오늘날까지도 수학과 과학의 모태가 되고 있다. 이는 마치 셰익스피어가 말했듯이, "보잘것없는 두뇌를 가진 한 사산아에게 생명의 숨길을 불어 넣는" 위대한 작업에 비유할 수 있다.

여기서 우리는 《기하학 원본》이라는 제목에 대해 살펴볼 필요가 있다. 그리스에서는 '문자'를 '원본'이라고 불렀는데, 따라서 유클리드의 책 《기하학 원본》은 언어에 비유하자면 알파벳 문자와 같다. 따라서 유클리드가 자신의 책에서 기하학의 모든 명제에 공통인 핵심적인 내용만을 선택했다는 사실을 가장 높이 평가할 만하다.

모두 열세 권으로 이루어진 《기하학 원본》에는 총 465개의 명제가 수록되어 있다. 여기에는 보통 우리가 알고 있는 것과는 달리 기하학뿐만 아니라 수론과 대수학의 내용도 들어 있다. 이것을 요약하면 다음과 같다.

《기하학 원본》에서 유클리드의 탁월함은 그 내용 못지않게 내용을 전개한 형식 체계에서 드러난다. 그 형식 체계는 유클리드를 수학이라는

학문의 형식뿐만 아니라 일반적인 학문 형식의 선구자로 자리매김하게
했다. 어떤 형식 체계를 갖추었기에 유클리드의 이름이 아직도 거론되는
것인지 살펴보자. 유클리드는 더러는 모순에 빠지면서 두서없이 이리저
리 왔다 갔다 하면서 전개되는 플라톤이나 아리스토텔레스 등의 철학적
글과는 달리 자신의 글이 종합적이고 일관성 있게 구조화되기를 갈망했
다. 유클리드는 두 개의 추상적 개념에서 출발했는데 그것은 '정의'와
'공리'였다. '정의'는 일상적인 언어로 우리에게 친숙한 개념인데, 사전
은 결국 이 정의들을 모아 놓은 책이라 할 수 있다. 그런데 '수학에서의
정의'는 그 안에서 무엇인가가 새롭게 구성되어 있다는 점이 단어의 '정
의'와는 개념을 달리한다. 예를 들어 수학에서 소수는 "2 이상의 자연수
로 1과 자기 자신 이외에는 나누어 떨어지지 않는 수"로 정의하는데 2,
3, 5, 7, 11, …… 등의 자연수를 말한다. 이때 이 정의에는 "나누어 떨어
진다"와 같은 연산이 포함된다. 즉 일상적 언어의 정의는 새로운 단어가
도입되면 이를 기존에 알고 있던 단어들로 설명하지만, 수학에서는 새로
운 정의를 도입하는 것을 가급적 피하면서 새로운 개념은 순전히 추론의
산물로 도입하려고 한다.

공리는 '스스로 명백한 진리'라고 생각되는 명제들의 모임으로, 기하
학을 비롯한 다른 분야의 수학에서 논리적 구조의 기초가 된다. 유클리
드는 공리 이외에 공준(公準)도 구별했지만 현대 수학에서는 이들을 별
로 구별하지 않기 때문에 함께 공리라고 부른다. 유클리드가 설정한 몇
개의 공리들을 보면 다음과 같다.

유클리드는 이들 10개의 공리에서 모두 465개나 되는 명제를 유도해 냈다. 그의 형식 체계가 뛰어난 것은 이미 알려진, 누구나 자명하다고 생각하는 간단한 명제에서 더욱 복잡한 새로운 사실들을 추론해 내는 방법 때문인데, 이를 종합적 방법이라고 한다. 반면에 수학에는 해석적 방법이라는 것이 있는데 이는 구하고자 하는 복잡한 것들을 더욱 단순한 것으로 환원시키는 방법으로 수학의 증명 과정에서 사용된다.

유클리드가 이룩한 가장 뛰어난 업적은 공리를 도입하여 이를 바탕으로 기하학이라는 거대한 건물을 건축했다는 점이다. '점'과 같은 정의할

하나라도 더 알기!

공리 axiom 논리학 용어로 본래의 특성에 근거하여 이제껏 일반적으로 받아들여 왔거나 또는 그럴 만하다고 생각되는 증명이 불가능한 제1원리, 규칙, 준칙 따위를 말한다. 예를 들면, "어떤 것도 같은 것이 동일한 시간에 동시에 다른 장소에 존재할 수 없다."와 같은 것이 일종의 공리에 해당한다. 공준과 공리를 구별하는 원칙은 확실하지 않으며 현대 수학자들은 흔히 이 둘을 동의어로 사용하고 있다. 일부에서는 공준을 논리학의 공리를 넘어서 특정한 수학 분야를 정의하는 가정이나 최초의 원리로 규정하자고 주장하기도 한다.

수 없는 용어, 그리고 몇 개의 정의와 10개의 간단한 공리들에서 기하학의 모든 명제들을 추론한 그의 방법은 수학을 비롯한 다른 학문의 완성에도 상당한 영향을 끼쳤다. 이때 어떤 공리들을 선택하느냐에 대한 그의 판단이 거의 완벽했다는 사실은 오늘날의 관점에서 보더라도 그저 감탄스러울 뿐이다. 공리의 개수가 너무 적으면 이를 토대로 한 기하학에는 추론할 수 없는 명제가 발생하여 불완전한 기하학이 되고, 만일 그 개수가 너무 많으면 그들 가운데 어떤 공리는 다른 공리로부터 유도될 수 있기 때문에 더 이상 공리가 아닌 정리가 되어 불완전한 공리 체계가 될 수밖에 없다. 이를 감안한다면 그의 선택은 그야말로 탁월하다고 하지 않을 수 없다. 뿐만 아니라 그가 선택한 공리들은 서로 모순되는 것들이 없는, 논리적으로 완벽한 것들이어서 결국 그가 완성한 기하학은 다른 분야에서도 이와 유사한 공리 체계를 완성하는 훌륭한 모델이 되었다.

유클리드의 기하학은 우리의 현실 세계, 곧 우리가 살고 있는 공간을 설명해 주는 기하학이지만 반드시 그런 것만은 아니다. 그의 기하학에는 현실 세계를 떠난 추상적 세계를 반영하는 예가 있는데, '점'이라는 개념이 그것이다. 유클리드의 점은 크기가 없어 우리가 눈으로 확인할 수 없는 무정의 용어이다. 그러나 이 점들이 연속적으로 모여 있는 대상을 선(line)으로 정의하고 있다. 곧 선은 두 점을 연결하는 무한 개의 점들의 모임으로 두께가 없는 대상이다. 실제로 우리는 이 개념에 들어맞는 대상을 주위에서 발견할 수가 없다. 원도 그렇다. 한 점에서 일정한 거리에 있는 점들의 모임으로 정의된 원은 관념의 세계에만 존재하지 결코 실제 세계에는 존재하지 않는 대상이다. 아무리 정교한 기술을 사용하더라도 기하학적 정의에 들어맞는 원은 그릴 수 없기 때문이다. 이렇듯 그의 기하학에 등장하는 대상들은 우리의 눈이나 손으로 지각할 수 있는 구체적인 사물이 아니라, 두께도 없고 색깔도 없으며 물체가 갖는 특성인 분자들의 결합력이나 어떤 구조도 갖지 못한 무형의 것들이다. 단지 인간의 머릿속으로만 지각할 수 있는 추상적인 존재라는 말이다.

플라톤이 한 다음과 같은 말은 이러한 유클리드 기하학의 특성, 나아가 수학이라는 학문이 어떤 것인지를 잘 나타내 주고 있다.

"수학자들은 눈에 보이는 형태를 이용하여 이 형태에 대해 추론하고 있지만, 반드시 이들에 대하여 사고하는 것이 아니고 이들과 닮은 이상적인 것에 대해 사고한다. 그들은 오로지 마음의 눈으로만 볼 수 있는 사물 자체를 바라보기 위해 진실로 노력하는 자들이다."

이처럼 유클리드 기하학은 육체의 눈이 아닌 마음의 눈으로만 보아야 이해할 수 있는 것이다.

정말 이 세상에 믿을 것은 하나도 없는 것 같아. 사람의 마음은 당연히 믿을 수 없지만, 사람의 육체도 믿을 수가 없단 말이야. 아름다움을 자랑하던 여인도 늙으면 쭈글쭈글한 노파가 되니, 육체의 아름다움이라는 것도 결국에는 헛된 것이 아닌가! 그러니까 내 눈에 비치는 사람 그대로를 믿는다는 것은 어리석은 일이지.

그렇지만 수학에서 공부한 내용들은 정말 확실한 진리가 아닐까? 1+1은 분명히 2가 아닌가? 그리고 삼각형의 합동 정리도 진리가 아닌가? 그러니 수학에서 공부한 지식은 진정한 진리라고 할 수 있지. 아니야. 그것도 믿을 수 없어. 혹시 내가 수학을 생각할 때마다 악마가 내 의식을 점령해 내가 내린 결론을 바꾸어 놓을지도 몰라.

그렇다면 이 세상에서 확실하게 믿을 수 있는 진리란 존재하지 않는건가? 잠깐, 이러한 의심을 하고 있는 주체는 분명히 내가 아닌가? 그리고 나는 분명 이 세상에 살고 있고. 그렇다! 나는 의심(생각)한다. 그러므로 나는 존재한다!

16세기 프랑스의 철학자 르네 데카르트(Rene Descartes, 1596~1650년)는 이와 같은 독백을 하며, 생각하기 때문에 존재하는 인간상을 제시했을 것이다. 사실 데카르트는 철학자이기 이전에 수학자이다.

우리가 교과서에서 배우는 좌표 평면을 도입한 장본인이 데카르트이다. 그런 수학자가 수학의 진리성에 대해 의문을 제기했다는 것은 매우 놀라운 사실이다. 지금까지도 수학은 확실한 진리이며 완전무결한 확실성의 덩어리로 인식하는 것이 일반적인데, 이를 스스로 부정하는 생각을 했다는 자체가 그의 천재성을 다시 한 번 확인시켜 준다.

데카르트의 의심처럼 수학적 지식은 과연 믿을 만한가? 사람의 일은 항상 불확실하고 수학은 그런 사람들이 이룩한 것인데, 과연 수학이 확실하다고 장담할 수 있을까? 만일 확실하다면 그 확실성은 어디서 나오는 것일까?

수학의 확실성에 대한 추적은 지금으로부터 2300년 전인 기원전 300년경, 고대 그리스 철학자 아리스토텔레스까지 거슬러 올라간다. 아리스토텔레스야말로 지금까지 널리 퍼져 있는 수학의 확실성에 대한 믿음의 씨앗을 뿌린 장본인으로, 수학을 논리의 학문이라 할 때 그 바탕을 마련한 사람이기도 하다.

그는 논리학에서 연역적 추론 과정에 필요한 규준과 규칙을 정리하여, 가정과 결론을 적절하게 추론할 수 있게 만들었다. 아리스토텔레스는 규준들 가운데 수학 문제 풀이에 필요한 논리의 기초를 정리해 놓았는데, 몇 가지 예를 들면 다음과 같다.

모든 것은 자기 자신과 같다(a=a) : 동일률(同一律)

어떤 명제도 동시에 참이면서 거짓일 수는 없다 : 모순율(矛盾律)

어떤 명제도 참이거나 거짓, 둘 중의 하나로 제3의 경우는 있을
수 없다 : 배중률(排中律)

이와 같은 규준은 대체로 우리의 상식에 크게 어긋나지 않는다. 또한
아리스토텔레스의 추론 규칙은 유명한 삼단논법에서 볼 수 있듯이 다음
과 같은 세 단계 과정을 밟는 연역적 추론이다.

모든 사람은 도덕적이다(라고 하자).
소크라테스는 사람이다(라고 하자).
(그렇다면) 소크라테스는 도덕적이다.

처음의 두 명제는 가정이고, 세 번째 명제는 결론이다. 아리스토텔레
스에 따르면 결론은 가정으로부터 "필연적으로 추론되는" 명제이다. 물
론 가정이 참이냐 거짓이냐에 대해 의문을 가질 수는 있다. 하지만 이는
중요한 문제가 아니다. 아리스토텔레스는 위와 같은 연역적 추론의 규칙
을 밟아서 얻어진 결론은 결코 의심할 수 없다고 했다.

곧 "모든 사람이 도덕적이다."라는 가정에 누군가가 이의를 제기할
수는 있다. 그러나 그 가정의 참과 거짓에 관계없이 이들 명제로부터 필
연적으로 추론되는 "소크라테스가 도덕적이다."라는 명제에 대해서는
논란의 여지가 전혀 없다는 것이다.

논리적 확실성이 의미하는 바는 바로 이런 것이다. 모든 학문에 사용

되는 기본적인 추론 형식은 위에서 예를 든 아리스토텔레스의 추론 규칙들에 따른 것이다. 곧 그의 추론 규칙은 확실성에 도달하는 안내자로 널리 인정되었던 것이다.

유클리드 기하학은 아리스토텔레스가 이룩한 연역적 추론의 논리가 절정에 달하여 그 빛을 발한 작품이다. 고대 그리스의 수학자 유클리드는 《기하학 원본》에서 연역적 추론의 원칙을 그대로 지키면서 단지 열 개의 가정에서 수백 개에 이르는 기하학의 정리(定理, 진리라고 증명될 수 있는 일반적인 명제)들을 추론해 냈다. 사용된 가정들은 앞에서 예를 든 규준, 곧 동일률, 모순율, 배중률과 수학에서 사용하는 점, 선, 면에 대한 그럴듯한 주장들(예를 들면, 임의의 점에서 다른 한 점까지 하나의 직선을 그을 수 있다)을 함께 늘어놓은 것들이다.

물론 수학자들은 유클리드가 내세운 가정들에 이의를 제기할 수 있으며, 또 사실상 그랬다. 그러나 아리스토텔레스가 보여 주었듯이, 결론에 대해서는 이론(異論)의 여지가 없었다. 유클리드가 제시한 명제들은 모두 "만일 …… 이라면 ~이다"의 형식을 갖춘 것으로 논리적 규칙에 따라 추론된 주장들이었다. 아리스토텔레스의 규칙이 절대적으로 확실하다고 믿는 사람이라면, 가정에 대해 다른 생각을 가진다 하더라도 유클리드의 정리들이 논리적으로 확실한 모델이라고 믿지 않을 수 없었다.

그 후 2천 년 이상 수학자들뿐만 아니라 철학자, 과학자, 그 밖의 지식인들은 여러 분야의 다양한 문제들을 연구하면서 그 진리에 도달하는 길을 아리스토텔레스의 논리에서 찾을 수 있다고 확신했다. 심지어 13세기

이탈리아의 스콜라 철학자 토마스 아퀴나스조차 하느님의 존재를 포함한 신앙 문제의 확실성을 입증하기 위해 아리스토텔레스의 추론을 이용했다. 아리스토텔레스와 기독교의 이론이 합성되어 만들어진 이 토미즘(Thomism, 토마스 아퀴나스의 사상을 신봉하는 철학·신학 체계)은 매우 커다란 영향력을 발휘하여, 교황 레오 13세는 1879년에 토미즘을 로마 가톨릭 교회의 공식 철학으로 공표했다.

19세기의 대표적 수학자들은 유클리드가 기하학에서 이룩한 업적을 수를 다루는 수론(數論)에서도 실현해 보려고 했다. 그러던 가운데 그 작업은 독일의 수학자 고틀로브 프레게(Gottlob Frege, 1848~1925년)에 이르러 끝을 맺게 되었다. 그는 1893년에 시작하여 1902년에 끝낸 작업에서 유클리드가 기하학에서 행한 것처럼 몇 개의 가정에서 수백 개에 달하는 수론의 정리들을 추론했다. 그리고 그 결과를 《수론에서의 기본 법칙들》이라는 제목을 붙여 두 권의 책으로 세상에 내놓았다. 그가 사용한 가정들도 유클리드의 가정들처럼 논쟁의 여지가 있을지는 모르지만, 어쨌든 그가 내린 결론들은 아리스토텔레스의 연역적 추론과 모순되지 않는 추론 원칙을 따른 것이었다. 따라서 프레게와 동료 학자들은 그의 '기본 법칙들'이 《기하학 원본》 못지않게 확실성을 보여 주는 전형적인 모델이라고 믿을 수밖에 없었다.

그렇지만 세상의 모든 일이 항상 마음먹은 대로 진행되는 것은 아니다. 1902년 프레게가 자신의 저술에 마무리 손질을 할 때까지 그들은 자신들의 믿음에 확신을 가지고 있었다. 그런데 영국의 수학자이며 철학자인 버트런드 러셀(Bertrand Russell, 1872~1970년)이 프레게의 책 제2권의 마지막 원고에서 논리의 결함인 패러독스를 발견했다고 공표한 것이다. 러셀의 설명에 따르면, 자신이 발견한 패러독스는 프레게가 신중하지 못해 발생한 것이 아니었다. 곧 이것은 수정하기만 하면 바로잡을 수 있는 단순한 것이 아니라는 뜻이다. 더욱 심각한 것은 그 결함이 연역적 논리 자체에 내포된 결함에서 비롯된 것이라는 주장이다.

당시에는 그 결함이 얼마나 심각한 것이며 이를 없애기 위해서는 무엇이 필요한지 그 누구도 짐작할 수 없었다. 하지만 그 결함이 10년 동안에 걸친 자신의 노력을 송두리째 무너뜨린다는 사실을 프레게 자신은 심각하게 인식하고 있었다. 자신의 책 제2권의 후기에 프레게는 다음과 같이 다소 침통하게 적어 놓았다.

"자신의 작업을 마무리하는 시점에서 그 기초를 무너뜨려야 하는 것만큼 불쾌한 상황은 없을 것이다. 책이 막 출판되려는 이 시점에서 러셀 씨가 보낸 편지 때문에 나는 바로 그와 같은 상황에 놓이게 되었다."

페르마

Fermat

페르마의 정의를 증명했다는 것에 대해서 나 자신은 일종의 슬픔을 느낍니다. 아마 모든 수학자들도 의기소침해졌을 것입니다. 그 문제는 우리 자신들을 끌어들여 항상 꿈을 갖게 만들면서도, 한편으로는 결코 실현될 수 없는 대상으로 생각하게 만들었기 때문입니다. 지금 나는 무엇인가를 빼앗긴 느낌이 듭니다.

– 앤드루 와일즈 –

아마추어
수학의 왕자

친구 베르나르에게.

베르나르. 지난번 자네와의 열띤 토론은 정말 유익했네. 덕분에 나는 그 문제의 실마리를 찾을 수 있었다네. 자네 같은 친구가 내 옆에 있다는 게 얼마나 고마운 일인지 몰라. 자네와 헤어진 후 난 온통 그 문제 풀이에 빠져 버리고 말았어. 정말이지 밤을 꼬박 새도록 시간 가는 줄 모르게 하는 아주 매력적인 문제더군.

덕택에 아내하고는 늘 별로 사이가 좋지 않지만 말일세. 가족 일에는 도통 신경을 쓰지 않는다고 화가 머리끝까지 오르긴 했지만 너무 걱정은 안 한다네. 좀 있으면 풀어지는 착한 아내인 것을 자네도 잘 알지 않나. 다행히 이번 주말에는 모처럼 가족들과 함께 소풍을 가려고 하네.

어젯밤 드디어 내가 그 문제를 증명해 냈지 뭔가. 증명을 끝내는 마지막 순간, 내 온몸을 휘감던 전율은 정신을 잃을 정도로 황홀했다네. 자네도 한번 느껴 보게나. 자네의 능력이라면 이 문제를 증명해 내는 건 시간 문제일 걸세. 그 일이 끝나는 대로 우리 다시 만나 뜨겁게 토론해 보세! 그럼.

보몽 드 로마뉴에서 친구 피에르가

페르마는 하나의 문제를 해결하고 나면 종종 이와 같은 편지를 쓰곤 했다. 대부분 그와 가깝게 지내는 수학자 친구들에게 보내는 편지였는데, 페르마는 그들과 편지를 주고받으며 수학에 관해 이야기하는 것을 좋아했다. 그중 한 사람이 파스칼의 삼각형으로 우리에게 잘 알려진 파스칼이었다. 한 번도 만난 적이 없는 이 두 사람의 편지 내용의 일부는 연인들 사이에 주고받는 연애 편지에나 들어감직한 것도 있어 이 둘의 관계를 모르는 사람이 읽으면 충분히 오해를 불러일으킬 만하다.

파스칼 선생님께

……당신과 마찬가지로 저 자신도 우리들이 생각하는 게 너무 완벽하게 들어맞아 놀랐습니다…….

당신과 사랑을 나누듯이 이런 식으로 해결해 나간다면 잘못된 길로 빠질 수 없으며…….

페르마

페르마의 아내 루이제는 항상 그것이 불만이면서도 밤 새우는 것을 밥 먹듯 하는 남편의 건강도 걱정이었다. 그날도 예외는 아니었다.

"여보, 이제 그만 하고 어서 자요."

"알았어……. 조금만 더 하면 끝날 것 같아. 먼저 자도록 해요."

"내일도 법정에 가야 하잖아요. 그렇게 잠도 안 자고 어쩌려고……."

"당신은 늘 걱정만 하는구려. 하지만 최근에 내가 변호한 재판에서 져 본 적이 있소? 사무실 사람들도 나를 믿어 의심치 않는데 어째 당신만 나를 못 믿는 거지?"

"낮에는 법정에서, 밤에는 책상에서 수학 문제와 씨름하고…… 수학자도 아닌 당신이 수학에 그렇게 몰입하는 것이 지나친 게 아닌가요? 잠도 못 자면서 건강은 또 언제 챙기고요?"

"알았어요. 곧 갈 테니 걱정 말아요. 하지만 이렇게 취미 삼아 수학을 하는 것이 내게 얼마나 중요한 기쁨인데…… 더군다나 수학을 연구하기 때문에 법정에서 더 날카롭게 변론할 수 있는지도 모르오."

결국 오늘도 아내 루이제는 포기하고 혼자 침실에 들어가 먼저 잠을 청했다. 하지만 한참 곤하게 단잠을 자던 루이제는 잠결에 갑자기 벼락이 치는 것같이 쿵 하는 소리가 들려 잠에서 깨어날 수밖에 없었다. 흥분한 페르마가 의자에서 일어나다 손을 헛집어 책상 위에 놓여 있던 두꺼운 책이 떨어지는 소리였다.

"드디어 끝났다! 내가 이 멋진 증명을 해냈단 말이야!"

페르마의 모습은 그 옛날 그리스 시대에 발가벗고 유레카를 외치며 거리를 뛰어나가던 아르키메데스와 하나도 다르지 않았다. 잠에서 덜 깬 루이제는 할 수 없다는 듯 다시 잠자리에 들었다.

조금 뒤 남편 페르마는 책의 한 귀퉁이 여백에 간단한 메모를 해 놓고 촛불을 끈 뒤 만족스런 긴 한숨을 내쉬면서 침대에 누웠다. 아침에 잠에서 깬 아내는 옆에서 곤히 자는 페르마가 깨지 않게 조용히 방에서 나와 서재로 향했다. 아직도 바닥에는 어젯밤에 떨어진 두꺼운 책이 놓여 있었고 책상 위에는 보던 책이 펼쳐진 채 있었다. 책을 덮으려 가까이 다가간 루이제에게 책 한 귀퉁이 여백에 적어 놓은 간단한 메모가 눈에 들어왔다.

틀림없이 어젯밤 페르마가 써 놓은 것이다. 루이제는 책의 여백에 적혀 있는 남편 페르마의 메모를 읽으며 그가 얼마나 기뻐했을까를 상상하며 미소를 띤 채 계속 읽어 나갔다.

'하느님 감사합니다. 여백이 좁았으니 망정이지 충분했더라면 이 남자는 틀림없이 또 밤을 꼬박 샜을 거야.'

루이제는 안도의 숨을 내쉬었다. 그러나 페르마의 이 감질나는 메모는 그 뒤 수많은 수학자들이 밤을 꼬박 새우게 만드는 사건이 되었다. 이날 밤 이후 350년이 넘도록 전 세계의 수학자들은 '페르마의 마지막 정리'라고 알려진 이 문제를 증명하기 위해 모든 노력을 기울였지만 번번이 실패로 끝났기 때문이다. 뿐만 아니라 이 문제에 대한 증명을 놓고 여러 곳에서 현상금이 제시되었다. 1908년에만 해도 당시 독일 화폐 가치로 따지면 10만 마르크나 되는 거액의 현상금이 제시된 적도 있었다. 이를 계기로 천 개 이상의 증명이 제출되었지만 1993년까지는 아무도 완벽한 증명을 내놓지 못했던 문제를 페르마는 그날 밤 증명했다고 주장한 것이다.

이 이야기의 처음에 등장하는 편지는 그날 밤이 지난 며칠 후 페르마가 친구 베르나르에게 자신의 발견에 대한 소식을 전하는 글이었다. 하지만 편지의 내용 어디에도 자신이 밝혀 낸 증명 과정이 들어 있지 않았는데, 이런 식으로 페르마는 매번 그의 친구들을 애타게 만들었다. 편지를 받은 친구들은 하나같이 답을 알아낸 페르마가 자신을 조롱하는 것 같은 느낌을 받았다. 이는 같은 수학자로서 굉장히 자존심 상하는 일이 아닐 수 없었다.

"이번에도 증명에 관한 내용은 하나도 없구먼. 참나, 도무지 알다가도 모를 녀석이야."

"난 이 녀석의 편지를 받고 나면 약이 올라 잠을 잘 수가 없다고. 순 허풍쟁이 녀석!"

특히 페르마는 영국에 사는 사촌들과도 편지를 주고받았는데, 그때도 이와 같은 편지를 써서 그들을 실컷 골려먹었다. 이 때문에 영국인 수학자 존 월리스가 "빌어먹을 프랑스 녀석!"이란 표현을 썼을 정도로 영국인 사이에선 유난히 페르마를 비난하는 목소리가 높았다.

이처럼 장난스럽고 짓궂은 편지를 쓰는 데에는 페르마의 수줍음 많은 성격 탓도 있겠지만, 무엇보다도 그 자신이 다른 사람들로부터 방해받는 것을 극도로 싫어했기 때문이다. 그저 조용한 곳에서 새로운 문제들과 씨름하는 것으로 만족했던 그였다. 이런 페르마의 성격을 두고 친구인 로베르발은 틈만 나면 그에게 불만을 늘어놓았다.

"피에르. 자네는 왜 그토록 자신의 증명을 숨기려고만 하나? 잘 정리해서 세상에 알리기만 한다면 자네를 비난하던 사람들까지도 자네를 존경하게 될 걸세."

"이보게, 로베르발. 그런 게 다 무슨 소용이 있단 말인가? 내게는 그런 것들이 다 시간 낭비일세."

"시간 낭비라니. 얼마나 위대한 일인가? 아마 미래의 수많은 수학자

들이 자네의 이름을 기억하게 될 걸세.”

“이보게, 친구. 난 말일세. 시끄러운 건 딱 질색이라네. 나에게 있어 수학이란 그저 취미 생활일 뿐이야. 돈을 위해서도 아니고, 명예를 위해서도 아니란 말일세. 수학자도 아닌 내가 보잘것없는 내 연구 결과를 세상에 내놓는다면, 사람들은 그것을 가지고 이러쿵저러쿵 말들이 많을 걸세. 그 시시콜콜한 말들 하나하나에 대꾸해야 하고 검증받아야 한다는 것이 얼마나 귀찮은 일인지 알기나 하나?”

“물론 그 심정은 나도 이해해. 하지만 지금까지 자네의 노력과 결실이 이대로 묻혀 버린다면 너무 아까운 일이 아닌가?”

“난 그저 아마추어일 뿐이네. 그런 연구 발표 따위는 나 말고도 할 수 있는 전문가들이 숱하게 많이 있단 말일세.”

"허허, 자네도 참……."

이처럼 페르마는 비평가들의 시시콜콜한 질문을 피하기 위해 명성마저도 포기한 '베일 속의 천재'였다. 하지만 그의 천재성 못지않은 은둔자적 기질은 같은 시대에 살던 여러 수학자들을 골탕 먹이는 것만으로는 부족했던 모양이다.

그날 밤 발견한 '페르마의 마지막 정리'로 알려진 장난기 섞인 메모는 그 이후로도 전 세계 수학자들의 자존심을 여지없이 짓밟아 놓으면서 수많은 수학자들의 수면을 방해했으니 말이다.

문제를 풀다 스스로가 답을 구했다고 생각되면 다음 문제로 넘어갈 뿐, 그것을 깨끗하게 정리한다든가, 새 노트에 옮겨 적는 일 따위는 애초부터 페르마에겐 시간 낭비일 뿐이었다.

"'페르마의 마지막 정리'가 증명되기 전에 인류는 멸망할 것이다."

이는 유명한 수학사가 에릭 템플 벨이 그의 저서 《최후의 문제》에서 한 말이다. 이것만 보더라도 그동안 '페르마의 마지막 정리'가 얼마나 많은 수학자들을 애태우게 했는지 짐작할 수 있다.

"내가 죽거든 남아 있는 내 모든 재산은 이를 증명한 사람을 위해 쓰였으면 좋겠소."

이처럼 어떤 이는 자신이 죽은 후 이를 증명한 사람이 나타나게 된다면 상금으로 주라며 거액을 내걸기도 했고, 또 어떤 이는 증명에 실패한 나머지 절망에 빠져 스스로 목숨을 끊기도 했다.

영원히 풀리지 않을 것 같던 '페르마의 마지막 정리'는 결국 300여

년의 긴 인고의 도전 끝에 1993년 밝혀지게 되었다. 프린스턴 대학의 수학 교수였던 앤드루 와일즈라는 수학자가 누구도 풀지 못한 '페르마의 마지막 정리'를 증명해 보인 것이다. 후에 일부 오류가 발견돼 1년간 재수정을 거쳐 최종적으로 완성된 증명을 선보이긴 했지만, 이는 300년 넘게 이어 온 페르마의 족쇄를 풀어 버리는 위대한 업적이었다. 와일즈에게 있어 '페르마의 마지막 정리'는 인생을 건 도전인 동시에 고독하고도 외로운 싸움이었다. 이를 증명하는 일 외엔 그 어떤 것도 할 수 없었다던 와일즈는 자신의 연구 생활을 '어두운 아파트'에 비유하기도 했다. 다음은 디오판토스의 방정식에 얽힌 수학의 역사를 쓴 사이먼 싱의 '페르마의 마지막 정리'에 나오는 와일즈의 회고담이다.

"한 사람이 어두운 아파트 안으로 들어갔다고 상상해 봅시다. 칠흑같이 어두운 아파트 말입니다. 처음에는 아무것도 보이지 않으니 이리저리 가구에 부딪쳐 넘어지면서 갈피를 잡지 못하겠지요. 하지만 이런 시행착오를 거듭하다 보면 어둠 속에서도 가구의 위치들이 점차 머릿속에 그려질 겁니다. 이런 식으로 6개월을 지낸 뒤에 드디어 그 사람은 전등의 스위치를 발견하고 불을 켭니다. 그러면 갑자기 모든 것이 일목요연하게 드러나면서 자신이 서 있는 위치가 어디쯤이었는지를 정확하게 알게 되겠지요. 그런 뒤에 또다시 옆집으로 들어갔다고 합시다. 역시 칠흑같이 어두운 집입니다. 그는 여기서도 6개월의 시간을 보낸 뒤에 전등의 스위치를 발견합니다. 무언가 극적인 발견이 이루어지는 거죠. 이때 느끼는 흥분감은 아주 순간적일 수도 있고 경우에 따라서는 하루 이틀 정도 지

속되기도 합니다. 어쨌거나 이러한 흥분감은 암흑 속에서 긴 시간을 보
낸 경험을 한 사람만이 느낄 수 있습니다. 그것은 지난 세월에 대한 최고
의 보상이지요. 겪어 보지 않은 사람은 잘 모를 겁니다."

미해결 수학 문제 골드바흐의 추측

모든 자연수는 소수의 곱으로 나타낼 수 있지만 소수의 합으로 나타낼 수는 없다.
그러나 4 이상의 짝수는 다음과 같이 두 소수의 합으로 나타낼 수 있다.
4=2+2, 6=3+3, 8=3+5, 10=5+5, 12=5+7, 14=3+11, ……
이 사실은 독일의 과학자 골드바흐(Christian Goldbach, 1690~1764년)가 추
측한 것이다. 최근에 컴퓨터를 이용하여 4천억까지의 모든 짝수를 두 소수의 합으
로 나타냈지만 이 추측은 아직 증명되지 못했다.

페르마의 생애

Pierre de Fermat 1601~1665년

1993년 6월 23일, 영국의 뉴턴 연구소에서 세계의 수학계를 충격과 흥분의 도가니로 몰아넣은 사건이 일어났다. 영국 출신의 수학자로 미국 프린스턴 대학의 수학과 교수인 앤드루 와일즈의 폭탄 같은 발표 때문이었다. 발표 내용은 350년이라는 오랜 시간 동안 수많은 수학자들의 은근과 끈기를 시험하며 비웃어 오던, 악명 높은 '페르마의 마지막 정리'를 정복했다는 것이었다. 이 사건을 세계의 언론들은 다음과 같이 알렸다.

와일즈가 뉴턴 연구소에 도착했을 때, 그는 평소와 같이 조용했다. 그러나 다른 참가자들 사이에서는 무엇인가 획기적인 발견이 이루어졌다는 소문이 퍼져 나가기 시작했다. 평소에는 강연을 하겠다고 자청하지 않던 와일즈가 한 시간이 아닌 세 시간짜리 강연을 요구했기 때문이었다. 1970년대 중반, 한때 케임브리지 대학에서 와일즈의 논문을 지도했던

존 코트 교수는 와일즈의 강연 일정을 6월 21일에서 23일까지로 잡
아 놓았다.

와일즈가 해답을 찾아냈다는 것을 사람들이 눈치 챈 것은 수많은 수학
적 추론을 적어 내려가는 강연의 끝부분에서였다고 연구소의 부소장인
피터 그다르드 박사는 전했다. 그가 마지막 식을 적었는데, 그 식은 자
신이 최종적으로 도달한 결론에 따른 정리로, 다름 아닌 '페르마의 마
지막 정리'였다. 그러고 나서 그는 청중들에게 돌아서서 미소를 지으며,
"이 정도에서 그치는 것이 좋을 것 같습니다."라고 말했다.

전화벨이 울리고, 팩스가 전송되어 오고 전자 우편이 전 세계에 퍼져
있는 컴퓨터를 못살게 굴기 시작했다. 정말로 그것이 사실이란 말인가?
수학자들은 처음에는 놀라워했고, 곧이어 흥분했다. 게다가 수학 세계에
서 일어난 사건들 가운데서 이렇게 언론의 각광을 받은 사건은 처음이었
다. 그러나 정작 자신의 이름이 붙은 이 놀라운 사건의 장본인인 피에르
드 페르마는 이미 300년 전 세상을 떠나고 없었다.

페르마는 1601년 8월 프랑스의 보몽 드 로마뉴에서, 보몽의 부영사이
며 피혁상을 하던 도미니크 페르마와 법의학자 가문의 딸이었던 클레르
드 롱 사이에서 태어났다. 그의 생애는 아무런 어려움도 굴곡도 없는 조

페르마의 마지막 정리

용하고 평화로운 나날이었기에 다른 천재들처럼 어릴 때의 일화가 전해
내려오지는 않는다. 다만 그가 나이 들어서 이룬 행적으로 보아 학교 다
닐 때 공부를 무척 잘 했을 것이라고 짐작할 수는 있다. 그러나 그의 수학
실력은 학교 교육과 무관한 것으로 보인다. 왜냐하면 그가 이룩한 업적
의 영역은 그때까지 개발된 것이 아니었고 더군다나 학교 교육에서 암시
를 받았다고 할 수 있는 것은 아니기 때문이다.

그는 정말로 보통의 수학자들과는 달리 수학과는 거리가 먼 평범한 생
활을 했다. 그래서 그를 아마추어 수학자라고 일컫는다. 페르마는 서른
살인 1631년에 툴루즈 지방의 청원위원으로 취임했으며 그해에 외사촌

누이인 루이제 드 롱과 결혼하여 세 아들과 두 딸을 얻었다. 이 가운데 한 아들은 그의 유작을 책으로 펴냈으며 다른 두 딸은 수녀가 되었다는 사실 정도가 특이하다면 특이한 사실이다. 그가 남긴 유일한 일화는 바로 300년 동안 수학자들을 곤혹스럽게 하다가 20세기가 저물기 직전 세계 언론의 주목을 받았다는 사실 정도일 것이다.

그는 책을 읽으면서 떠오르는 생각을 그때그때 책의 여백에 적어 놓는 습관이 있었다. 보통은 여백이 너무 좁아서 증명을 다 적을 수가 없었지만 어딘가에 반드시 그 증명이 있었다. 디오판토스의 《산학》가운데 $x^2+y^2=d^2$이라는 방정식의 유리수 해를 구하라는 부분을 읽으며 페르마는 다음과 같이 썼다.

반대로 어떤 세제곱수를 두 개의 세제곱수의 합으로, 네제곱수를 두 개의 네제곱수의 합으로, 또는 일반적으로 n이 3 이상일 때 하나의 n제곱수를 두 개의 n제곱수의 합으로 나눌 수 있다는 것은 불가능하다. 나는 이에 대한 참으로 놀랄 만한 증명을 발견했지만 아쉽게도 여백이 너무 좁아서 쓸 수가 없다.

이것이 그의 유명한 '페르마의 마지막 정리'다. 과연 그는 자신의 정리를 증명했을까? 혹시 착각했던 것은 아닐까? 많은 수학자들이 페르마를 의심하고 있지만, 그리고 설혹 페르마가 증명했다 하더라도 그의 증명은 오늘날 와일즈가 한 증명과는 전혀 달랐겠지만 그 사실은 영원한 수수께끼로 남을 것이다. 다만 그의 직책과 성품으로 보아 그가 진짜로 증명했을 것이라고 짐작만 할 뿐이다.

그는 자신의 직무에 엄격했으며 신중한 사람이었다고 전해진다. 1648년에 툴루즈 지방의회의 의원이 되어 17년 동안 근무했다는 사실은 그의 위엄과 공정성을 말해 준다. 그가 담당한 직무는, 군인과는 달리 직권 남용을 피하기 위해 사람들과 격리되어 사회 활동을 제한받았다. 어쩌면 이 직책 때문에 그는 아마추어 수학자로서 수학을 즐길 수 있었는지도 모른다.

그는 생애의 34년을 국가를 위해 봉사하다가 1665년 1월 12일, 카스트로에서 한 사건을 처리한 이틀 뒤에 예순다섯 살로 세상을 떠났다.

도대체 러셀은 무엇을 발견했기에 2천 년 이상 내려왔던 인류의 믿음을 송두리째 뒤흔들어 놓았을까? 러셀의 문제는 1996년도 대학 수학 능력 시험에도 출제되었는데 다음 문제가 그것이다.

16. 다음은 두 학생 갑과 을 사이의 집합에 관한 논쟁 중에서 그 일부를 적은 것이다.

갑 : 우리가 생각할 수 있는 집합들 전체의 집합을 S라 하자. 그러면 (가) S는 S 자신을 원소로 갖는다. 그렇지?

을 : 그건 말도 안 돼. 그런 게 어디 있냐?

갑 : 좋아, 그러면 (나) 자기 자신을 원소로 갖지 않는 집합들 전체의 집합은 어때?

위의 논쟁 중에서 밑줄 친 부분 (가), (나)에 대한 수학적 표현으로 적절한 것은?

(가)　　(나)

① S∈S, {A | A∉A, A는 집합}

② S∈S, {A | A⊄A, A는 집합}

③ S∈S, {A | A∈A, A는 집합}

④ S⊂S, {A | A∉A, A는 집합}

⑤ S⊂S, {A | A⊂A, A는 집합}

답은 ①번

　러셀은 위 문제와 같이, 우리가 중학교나 고등학교에 입학하여 첫 수학 시간에 배우는, 집합과 원소라는 겉보기에 별 문제가 없는 개념을 심판대에 올려놓았다. 아리스토텔레스의 논리에 따르면, 집합은 자동차나 새 또는 수와 같이 비슷한 성질들을 가진 대상들의 모임이다. 그래서 집합은, 우리 학급 학생이 누구인지 쉽게 식별할 수 있듯이 그 원소들이 갖는 성질에 의해 정의된다. 따라서 어떤 대상이 특정 집합에 속하는 원소이기 위해서는 다른 특성과는 구별되는 특성을 공유해야 한다.

　당시의 다른 수학자들은 이를 당연한 것으로 여겼지만, 러셀은 마음속으로 이를 검증하고 있었다. "내 생각으로는, 어떤 때에는 집합이 그 자체의 원소일 수도 있지만 그렇지 않은 경우도 있다. 예를 들어, 자동차들의 집합은 그 자체가 또 다른 하나의 자동차가 아니지만, 자동차가 아닌 것들의 집합은 다시 자동차가 아닌 것들 중의 하나이다."

　우리가 생각하는 대부분의 집합들은 자동차와 같은 종류이다. 예를 들어 신발들을 모아 놓은 집합을 생각해 보자. 이 집합은 물론 자기 자신의 원소가 아니다. 곧 신발들을 모아 놓은 집합은 당연히 신발이 아니지 않은가?

이 이야기가 하찮은 것 같지만, 좀 더 자세히 파고들면 결코 사소한 문제가 아니다. 스스로 자기 자신의 원소가 되는 집합의 예도 상당히 많이 존재하기 때문이다. 가령 신발이 아닌 것들의 모임인 신발들의 집합의 여집합을 생각해 보자. 신발이 아닌 것들을 모아 놓으면 이것도 신발이 아니므로 결국 그 여집합의 원소가 된다. 곧 스스로 자기 자신의 원소가 되는 집합을 발견할 수 있다. 이번에는 다소 복잡한 예일지 모르지만, 모든 생각들의 집합을 떠올려 보자. 모든 생각들의 집합은 그 자체가 하나의 생각이므로 다시 그 집합의 원소가 된다. 이처럼 집합 그 자체가 다시 하나의 원소가 될 수 있는데, 그 이유는 집합 자체가 하나의 원소로서 갖는 성질을 공유하고 있기 때문이다.

그리고 나서 러셀은 "스스로가 자기 자신의 원소가 될 수 없는 집합들" 모두를 포함하는 상상할 수 없을 정도로 커다란 집합을 생각했다. 자, 이제 이 집합을 자기 자신의 원소가 아니라는(nonself) 뜻에서 NS로 나타내자. 집합 NS는 자주 나오는 모든 집합(자동차들의 집합, 신발들의 집합 등)을 포함하고 있다. 그렇다면 과연 이 집합 NS는 자기 자신의 원소가 될까, 아니면 될 수 없을까?

러셀은 이 질문에 대한 답을 구하는 과정에서 문제의 패러독스를 발견했다. 우선 NS가 NS의 원소라고 가정하자. 이는 NS는 자기 자신의 원소라고 가정하는 것이다. 그렇지만 NS에 대한 원래의 정의에 따르면, 이러한 가정은 NS를 구성하는 원소의 조건에 위배되는 것이다('NS는 자기 자신의 원소가 될 수 없는 집합들을 포함하는 집합'이라는 정의를 다시 한 번 되새겨 보라).

이번에는 NS가 집합 NS의 원소가 아니라고 가정하자. 이것은 NS는 자기 자신의 원소가 아니라는 가정을 하는 것이다. 그러나 NS에 대한 원래 정의에 따라, 이 가정은 NS가 다시 NS의 원소가 될 수밖에 없음을 뜻한다. 따라서 어떻게 시작하든 간에 '논리적'으로는 정반대의 길로 추론된다. 이로써 지금까지 즐겨 왔던 수학과 논리의 밀월 관계는 막을 내리게 되었다.

러셀의 패러독스는 논리적 규칙을 따라가다 보면 모순되는 결론에 이른다는 사실을 말해 주고 있다. 따라서 이는 참 또는 거짓만을 대상으로 하는 아리스토텔레스의 논리학에 심각한 상처를 줄 수밖에 없었다. 난공불락의 요새처럼 여겨졌던 아리스토텔레스의 논리학이 여지없이 무너질 수밖에 없는 상황이 된 것이다.

그리하여 러셀의 패러독스를 없애기 위해, 아리스토텔레스의 논리학은 수정되거나 수학의 완벽한 확실성을 추구하는 전혀 새로운 방법으로 대치되어야 한다는 결론이 제기되었다. 그리고 이를 어떻게 해결하느냐는 문제를 놓고 수학자들은 서로 엇갈린 의견을 내세웠다(예상하지 못한 발견으로 이 모든 견해들의 차이가 미해결의 상태로 될 수 있다는 사실을 인식하지 못한 채). 그중 약간의 수정을 거쳐 아리스토텔레스의 논리를 부흥하려는 의도를 가진 두 학파가 있었다. 이들은 논리학파와 형식학파인데, 그 당시 수학자들은 이들 학파에 매혹되었다.

하지만 그 후 미국 수학자 괴델(Kurt Gödel, 1906~1978년)이 이른바 불완전성 정리(자연 수론을 포함하는 형식적 체계에 모순이 없으면 그 체계 안에서는 참이라고도 거짓이라고도 증명할 수 없는 명제가 존재한다는 정리)라는 것을 주장한 이후 대부분의 수학자들은 더 이상 수학을 확실성의 요새라고 생각하지 않게 되었다. 헝가리의 한 수학·논리학자는 수학을 과학에 비유하여, "수학은 가설 상태에 있는 것으로 새로운 발견에 의해 끊임없이 바뀔 수 있는 학문"이라고까지 했다. 수학이 확실하다는 믿음을 포기한 것이다. "수학은 의심의 여지가 없는 여러 개의 정리들을 차곡차곡 쌓듯이 발전하지 않는다. 사고와 비평에 의해서 끊임없이 새로운 추측으로 대치하면서 발전한다."고 했다.

이러한 상황 속에서 어떤 수학자는 동료 수학자들을 다음과 같이 묘사했다.

"수학자는 한 뼘의 토지를 개간하면서, 토지를 둘러싼 숲 속의 으르렁거리는 맹수들을 항상 경계하는 개척농과 같다. 자신이 안전하다는 생각을 굳히기 위해, 그 개척농은 점점 더 넓은 지역을 개간한다. 하지만 그는 결코 자신이 완벽하게 안전하다고 안심할 수는 없다. 맹수가 항상 그곳에 존재하기 때문이다. 맹수는 어느 날 갑자기 쳐들어와 모든 것을 파괴할지도 모른다."

개척농처럼 수학자들도 수학적 무지라는 황무지를 개간하기 위해 논리를 사용한다. 그렇지만 이들은 언제 어디서, 아무런 의심도 없이 완벽하게 안심할 수 있다는 자신의 희망을 송두리째 빼앗아 갈 맹수와 같은 논리적 결함을 만날지 몰라 불안해하고 있다는 것이다.

물론 오늘날 모든 수학자가 여기에 동의하는 것은 아니다. 그저 아무 일도 없었다는 듯이, 수학은 확실하다는 믿음을 마음속에 간직한 채 하루하루 자신들의 작업을 묵묵히 수행하고 있는 수학자들도 많다. 이는 수학이 하늘에서 떨어진 것이 아니라 이 세상의 다른 모든 것이 그러하듯 수학도 인류가 창조해 낸 것이라고 생각하기 때문이다.

어쨌든 우리는 다음 사실은 확신할 수 있다. 모든 것을 의심하다가 생각하는 자신에 대한 존재성을 확신했던 데카르트처럼 말이다.

"수학에서 확실성이라는 보물을 찾기 위해 수십 년 동안 자신의 삶을 바쳤던 러셀과 같은 수많은 수학자들이 있으며 또 앞으로도 그러할 것이라는 데에는 의심의 여지가 없다. 이것이 계속되는 한, 그들 중의 누군가가 이를 발견하여 이전의 수학자들이 실패하였던 것, 곧 논란의 여지가 없는 확실한 증명의 전형(典型)을 후세에 전해 줄 가능성은 언제나 존재한다."

뉴턴
Newton

자연 세계와 자연의 법칙은 어두운 밤에 가려져 있었다. 하느님이 말씀하시길, "뉴턴을 보내라." 그러자 모든 것이 밝아졌다.

– 알렉산더 포프 –

우주를 한눈에 들여다본 거인

"스틱켈리 박사, 이게 얼마 만인가? 여기서 자네를 만나게 될 줄이야."

도서관 앞을 지나가다 스틱켈리 박사를 만난 뉴턴은 반가움을 감추지 못했다.

"오호, 아이작. 그동안 잘 지냈소? 그렇지 않아도 자네를 한번 찾아가려 했었는데 여기서 만나게 되는구먼."

"나를? 왜, 무슨 일이라도 있나?"

"아, 별건 아니고 이번에 새로운 논문을 준비 중이라네. 그런데 도무지 이해할 수 없는 이론이 하나 있어서 말이야. 혹시 자네라면 쉽게 설명해 줄 수도 있을 것 같아서 찾아가려 했다네."

"그래? 뭔지는 모르겠지만 자네에게 도움이 되는 일이라면 내 얼마든지 하겠네. 그런데 이를 어쩌나? 난 지금 급히 연구실로 들어가 봐야 하는데."

"아, 너무 서두를 것까지는 없네. 아직 여유가 있으니 자네 한가한 시간에 천천히 해도 괜찮네."

"그럼 우리 이렇게 하세. 마침 오늘 저녁엔 별다른 약속이 없으니, 우리 집에서 저녁 식사나 같이 하는 건 어떤가? 자네와 마주 앉아 이야기해 본 지도 오래됐으니 식사나 같이 하면서 그 이론에 대해 토론해 보세. 내 특별히 자네가 좋아하는 닭 요리도 준비해 놓겠네."

"아이구, 이 친구. 모르는 걸 알려 주고, 저녁 식사까지 대접하겠다는데 내가 마다할 이유가 있겠나? 나야 영광이지."

"좋아. 그럼 6시쯤 우리 집으로 오게. 자네와의 대화는 나도 늘 설레는 일이라네."

"고맙네. 그럼 저녁때 다시 보도록 하세."

스턱켈리 박사와 헤어진 후, 뉴턴은 곧장 연구실로 향했다. 그리고 저녁 약속을 위해 평소보다 이른 시간에 일을 마무리하고 일찍 귀가했다.

"일찍 들어오셨네요?"

평소보다 일찍 들어온 뉴턴을 보고 가정부 멜리사가 의아한 듯 물었다.

"오늘 저녁에 귀한 약속이 있어 일찍 왔소. 6시쯤 스턱켈리 박사가 방문할 테니 준비를 좀 해 주시오. 아참. 그 친구가 좋아하는 닭 요리도 준비하는 거 잊어서는 안 되오."

가정부에게 저녁 준비를 부탁한 후, 뉴턴은 서재로 들어가 다시 연구에 몰두하기 시작했다. 그런데 자신의 서재에서 한참 동안 책과 씨름하던 뉴턴은 뭔가 잘 떠오르지 않는지 괴로운 표정을 지었다. 평소에도 궁금한 것이나 모르는 것이 있으면 뉴턴은 그냥 지나가는 법이 없었다. 궁금한 게 있으면 반드시 알아내야 직성이 풀렸다. 그렇게 한참을 고심하던 뉴턴은 여전히 잘 풀리지 않는지 서재를 빠져나왔다. 그리곤 집 밖으로 나와 공원을 걷기 시작했다. 예전에도 지금처럼 생각이 막히고 답답할 때면 자주 바깥바람을 쐬며 기분 전환을 하곤 했다. 이렇게 산책을 하다 보면 머리가 맑아져서 곧잘 문제가 풀렸기 때문이었다. 그러나 오늘은 상황이 조금 달랐다. 문제가 풀리기는커녕 더 큰 문제를 만든 꼴이 되어 버렸다. 너무 생각에 몰두한 나머지 그만 스틱켈리 박사와의 약속을 잊어버리고 만 것이다.

"박사님, 이거 너무 죄송해서 어쩌죠?"

저녁 식탁 앞에 혼자 앉아 있는 스틱켈리 박사를 보고 멜리사는 미안한 마음에 어쩔 줄을 몰랐다.

"허허. 내 걱정은 너무 마시오, 멜리사. 이 친구가 또 뭔가에 정신이 팔린 모양이오. 뭐 이런 일이 어디 한두 번이오? 허허."

"그래도 너무 오랜만에 뵙는데 큰 결례를 범했네요."

"괜찮아요, 멜리사. 허허."

"그럼, 박사님. 시장하실 텐데 먼저 식사라도 하세요. 뉴턴 선생님은 곧 들어오시겠죠."

"그럴까? 그렇잖아도 멜리사의 음식 솜씨는 모르는 이가 없는데, 그 음식들을 앞에 놓고 참기만 하는 것도 정말 곤혹스럽네."

"박사님도 참……."

결국 뉴턴이 약속을 잊어버리는 바람에 스틱켈리 박사는 혼자서 저녁을 먹게 되었다. 그나마 멜리사의 닭 요리 솜씨가 혼자서 밥을 먹는 쓸쓸함을 잊게 해 주었다.

뉴턴이 한껏 밝아진 얼굴로 현관문을 열었을 때는 이미 스틱켈리 박사가 식사를 마치고 돌아간 뒤였다. 아직도 스틱켈리와의 약속을 기억하지 못하는지 뉴턴은 음식들이 놓여 있는 식탁 앞에 아무 일 없다는 듯 앉았다. 그리곤 닭 요리가 놓였던 그릇의 뚜껑을 열었다. 그러나 그릇 위에는 스틱켈리가 남기고 간 뼈들만 앙상하게 놓여 있었다. 이쯤 되면 저녁 약속이 있었다는 사실을 눈치 챌 만도 하련만, 뉴턴의 입에서 나온 말은 정말 황당함 그 자체였다.

"아참. 내가 이미 저녁을 먹었다는 사실을 깜빡했군."

"……."

참으로 엉뚱하기 짝이 없는 뉴턴이었다. 만약 우리 주변에 이런 사람이 있었다면 건망증이 매우 심한 환자이거나 머리가 약간 이상한 바보라고 생각했을 것이다. 그러나 뉴턴의 이런 평범하지 않은 엉뚱함은 역시나 평범하지 않은 그의 집중력 때문이었다. 그는 한번 무언가에 골몰하게 되면 몇 시간이고 그 일이 해결될 때까지 매달렸다. 생각이 꼬리에 꼬리를 물고 이어져 다른 일에는 아무런 관심을 두지 않았다. 어떤 날은 책상 앞에 앉아 18시간 넘게 쉬지 않고 글만 쓴 적도 있었다. 이처럼 놀라운 집중력을 가진 뉴턴이었기에 훗날 역사에 길이 남는 위대한 업적들을 이루게 된 것이다. 뉴턴은 그 시대의 여러 수학자들이 풀지 못했던 어려운 문제들을 대부분 풀어 냈다. 그래서 비슷한 시기에 살았던 독일의 대수학자 라이프니치는 뉴턴에 대해 다음과 같은 유명한 말을 남겼다.

"인류 역사상 뉴턴이 살았던 시대까지의 수학을 놓고 볼 때, 그가 이룩한 업적이 반 이상이다."

흔히들 뉴턴과 라이프니치는 미적분학을 누가 최초로 발견했는가를 두고 사이가 좋지 않은 것으로 알고 있지만 그것은 사실이 아니다. 괜히 영국과 독일의 민족 감정을 들추어 내고 싶어 하는 주변 사람들의 입방아가 빚어 낸 황당한 이야기일 뿐 이 두 사람은 서로의 수학적 업적에 대해 똑같이 존경심을 가지고 있었다.

그러나 뉴턴의 놀라운 집중력은 그가 이룩한 위대한 업적만큼이나 많은 사람들을 놀라게 하는 엉뚱한 사건들을 만들어 내기 일쑤였다.

"어휴, 벌써 시간이 이렇게 됐나?"

　문제 하나를 두고 세 시간째 책상 앞에 앉아 씨름하던 뉴턴은 마지막 답을 적고 나서야 시계를 바라봤다. 시계 바늘은 자정을 넘은 지 10분이나 지났다. 문제를 해결한 후 긴장감이 풀려서인지 뉴턴은 배가 고파 왔다.

　"멜리사, 멜리사."

　"부르셨습니까? 선생님."

　깜빡 잠이 든 멜리사가 눈을 비비며 뉴턴의 연구실 문을 열었다.

　"늦은 시간에 미안하오. 내가 지금 출출해서 그러는데 계란 몇 개만 갖다 줘요?"

　"배가 고프시다면 제가 먹을 것을 조금 준비해 오겠습니다."

　"아니오, 아니오. 그럴 것까진 없소. 그냥 계란 몇 개만 갖다 주면 내가 여기서 삶아 먹으면 되오."

　멜리사의 잠을 깨운 것이 미안했던지 뉴턴은 손사래를 치며 사양했다. 잠시 후 멜리사가 계란 세 개를 갖다 주었고 뉴턴은 냄비에 물을 받아 끓이기 시작했다. 그리고 물이 끓는 동안 뉴턴은 다시 다음 문제 분석에 매달렸다.

　달그락, 달그락…….

　잠시 후, 냄비 뚜껑이 요란스럽게 춤을 추기 시작했다. 그러나 한번 책에 눈을 고정시킨 뉴턴은 느긋하기만 했다. '빨리 계란을 넣어주세요!'라며 요란스레 울어 대는 냄비 뚜껑 소리가 뉴턴의 귀에까지 들릴 리가 없었다. 그저 뉴턴은 책에 시선을 고정시킨 채 천천히 냄비가 있는 곳으로 움직일 뿐이었다. 그리곤 냄비 뚜껑의 손잡이를 힐끗 본 후, 뚜껑을 열어 계란을 집어넣고는 다시 책상 앞으로 가 앉았다.

계란이 익을 만큼의 시간이 지났을까. 다행히도 이번 문제는 10분도 채 안 돼서 해결할 수 있었던 문제였다. 만약 첫 번째 문제처럼 쉽게 풀리지 않는 문제였다면 아마 계란은커녕 냄비마저 새까맣게 태워먹었을지도 모를 일이었다.

가뿐한 마음으로 책을 내려놓은 뉴턴은 계란을 먹기 위해 냄비 앞으로 갔다. 그리고 기대에 찬 표정으로 뚜껑을 열었다.

"엥? 이게 뭐야?"

냄비 안을 본 뉴턴은 벌레 씹은 표정을 지었다. 무슨 일이 벌어진 것일까? 혹시 계란이 콩알 만하게 줄어들기라도 한 것일까? 그러나 이유는 그보다 더 황당했다. 먹음직스런 계란이 있어야 하는 냄비 안에 엉뚱하게도 시계가 삶아지고 있었던 것이다. 책에 정신이 팔린 뉴턴이 어이없

게도 계란 대신 시계를 넣어 삶아 버렸기 때문이다.

이처럼 가장 위대한 수학자로 통하는 뉴턴은 엉뚱한 사고뭉치(?)였다. 그러나 한편으로는 그런 뉴턴이 있었기에 오늘날의 수학과 과학이 놀라운 발전을 할 수 있었다. 비록 계란을 다시 삶고, 저녁 약속을 또 한번 잡아야 하는 번거로움은 있었겠지만, 그의 무서운 집중력과 뛰어난 상상력은 새로운 이론의 발견을 이끌어 내는 원동력이었다. 그 좋은 예가, 뉴턴 하면 누구나 알고 있는 사과나무에 대한 일화이다.

어느 날, 뉴턴은 사과나무 아래에서 달을 보며 사색에 잠겨 있었다. 한참 달의 운치에 취해 있을 때, 뉴턴의 앞으로 사과 한 개가 떨어졌다. 보통 사람이라면 지극히 자연스런 현상이라 여겨 별다른 의심을 하지 않거나, 이게 웬 떡이냐? 하며 맛있게 사과를 먹는 일에 집중했을 것이다. 그러나 뉴턴의 상상력은 평범하지 않았다. 그는 떨어진 사과를 만지작거리며 깊은 생각에 잠기기 시작했다.

'밑에 받쳐 주는 것이 없으면 이처럼 세상 모든 물체는 아래로 떨어지게 마련인데, 왜 저 달은 떨어지지 않는 것일까?'

이런 그의 상상력은 곧 꼬리에 꼬리를 물고 이어졌다.

'이상하다. 사과나 달 모두 지구의 인력의 작용 밑에 있는데 왜지? 왜 달만 유독 떨어지지 않고 하늘에 떠 있는 것이지? 공전 때문일까? 그래. 어쩌면 달은 단지 돌고 있기 때문에 떨어지지 않는 것인지도 몰라.'

생각이 여기까지 미치는 순간, 뉴턴의 머릿속에서 뭔가가 번쩍 하며 떠올랐다. 그 생각들이 꼬리를 물고 이어지면서 뉴턴은 이내 상상의 나래를 펴기 시작했다.

'그렇다면 사과나 달 모두에게 적용시킬 수 있는 동일한 법칙도 가능하다는 얘기인데…….'

'아니, 그렇게 따진다면 태양의 모든 행성들에게도 마찬가지로 동일한 법칙을 적용시킬 수 있단 얘기인데…….'

'잠깐, 그렇다면 이건 이 세상 모든 만물에게 보편적으로 적용시킬 수 있는 자연법칙이 존재한다는 말이잖아.'

'그래, 맞아. 전혀 불가능한 일만은 아니야. 분명 이를 증명할 수 있는 방법이 있을 거야.'

이때부터 뉴턴은 연구에 몰두하기 시작했다. 지구와 행성의 공전, 달의 공전, 물체의 낙하 운동 등을 끈질기게 연구하며 자신의 생각을 하나하나 증명해 나가기 시작했다. 사과 한 개로 시작된 이 연구는 결국 20여 년 간의 피나는 노력으로 이어졌고, 마침내 1687년 그 유명한 '만유인력의 법칙'으로 세상에 알려지게 되었다.

그러나 이 사과나무에 얽힌 일화는 과학자들 사이에서도 많은 논란이 되고 있다. 뉴턴의 위대한 발견을 극적으로 묘사하기 위해 누군가가 꾸며낸 이야기라는 것이 정설로 받아들여지고 있다. 하지만 이 사과나무 일화가 사실이냐, 거짓이냐의 문제는 그리 중요하지 않다. 정작 우리가 알아야 할 것은 뉴턴의 탐구 의지와 집념이다. 물체가 떨어지는 것이 지구의 인력에 의한 작용이라고 생각했던 사람은 그 전에도 많이 있었다. 그러나 그들은 하나같이 하늘 위의 역학과 땅 위의 역학은 별개의 문제라고 생각했다. 그러나 뉴턴은 지구의 인력으로 사과가 떨어졌다는 사실에 그치지 않고, 더 넓은 상상의 나래를 펼쳤다. 사과를 떨어지게 한 지구의 인력이 하늘 위에 떠 있는 달의 운동에까지 영향을 미칠지 모른다고 생각했던 것이다.

결국 중요한 것은 사과나무의 진실 공방이 아닌 그의 집념과 놀라운 집중력에 있다고 할 수 있다. 그는 끊임없이 스스로에게 의문을 제기하며 집념의 연구를 거듭해 왔다. 그 결과 뉴턴은 하늘의 운동과 땅 위의 운동이 똑같은 자연법칙에 의해 설명될 수 있음을 증명했고, 이는 역학과 수학으로써 완벽하게 설명되었다. 집념으로 일궈 낸 뉴턴의 과학이 현대 과학의 출발로 간주되는 진짜 이유이기도 하다.

더군다나 그에게 쏟아진 수많은 찬사에도 불구하고 뉴턴이 겸손하게 처신했다는 사실은 아직도 많은 영국인들이 그에 대한 존경심을 버리지 않는 또 하나의 이유이기도 하다. 출판도 극도로 자제했기 때문에 그가 새로운 업적을 이룩할 때마다 옆에서 동료들이 나서서 출판하라고 말을 해 줘야 할 정도였다.

종종 그는 어떻게 그러한 발견을 하는지, 발견의 비밀이 무엇인지에 대한 질문을 받았다. 뉴턴은 극도의 인내심을 갖고 신중하게 하는 것 말고는 다른 사람과 똑같다고 대답했다. 그러나 그는 세계에서 가장 위대한 수학자 가운데 한 사람이 되었다. 뉴턴은 항상 어떤 수학자도 혼자 힘으로 연구하는 게 아니라고 생각했다. 그는 다른 사람이 하는 연구도 주의 깊게 살피며 늘 그들을 격려해 주었다. 그 자신도 과거의 업적을 토대로 연구를 진행할 수 있음을 잘 알고 있었던 것이다. 그는 다음과 같은 말을 남겼다.

"내가 다른 사람보다 더 멀리 앞을 내다볼 수 있다면, 그것은 거인들의 어깨를 딛고 서 있기 때문입니다."

그의 말대로 세상의 모든 수학자들과 과학자들은 지금도 아이작 뉴턴이라는 거인의 어깨를 딛고 서 있다.

뉴턴의 생애

Isaac Newton 1642~1727년

"나는 내가 세상에 어떻게 비춰질지 모른다. 하지만 나 자신에게 나는 아무것도 발견되지 않은 채 내 앞에 놓여 있는 진리의 바닷가에서 놀며, 때때로 보통보다 매끈한 조약돌이나 더 예쁜 조개를 찾고 있는 어린애에 지나지 않는 것 같다."

뉴턴을 연상시키는 이야기 가운데 나무에서 떨어진 사과와 만유인력의 법칙은 너무나도 유명하다. 그런데 뉴턴을 숭배하는 수학자 가우스는 이 이야기에 대해 몹시 화를 내며 다음과 같이 말했다.

"바보 같은 소리야. 믿고 싶다면 믿어도 좋아. 그렇지만 진실은 이렇다. 어느 날 참견하기 좋아하는 바보 같은 사나이가 뉴턴을 찾아와서 '선생님, 선생님께서는 어떻게 만유인력의 법칙을 발견할 수 있었습니까?'라고 물었지. 뉴턴은 아무리 설명해도 이 친구가 자신의 이론을 이해할 수 없다고 생각했거나 아니면 귀찮은 나머지 그 친구를 쫓아 버리기 위해서 사과가 나무에서 떨어져 콧잔등에 부딪쳤다고 대답했던 거야. 이바보 같은 사나이는 자신이 원하는 답을 얻은 걸로 알고 의기양양해져서 사람들에게 돌아가 그렇게 떠벌린 거지."

어떤 걸작이라도 어느 날 갑자기 우연히 만들어지는 것은 아니다. 오랜 준비 기간과 끊임없는 사색의 결과물인 것이다. 가우스는 뉴턴의 어려움을 이해하고 있었던 것이다.

당시 서구 유럽에서는 인쇄술의 발달로 대중들에게 서적이 보급되면서 그리스와 로마의 많은 고전들이 출판되었다. 수학 분야도 예외는 아니었다. 뉴턴이 태어나기 전인 15세기와 16세기에 이미 유클리드, 아르키메데스, 아폴로니오스, 파푸스 등의 작품들이 출판되어 중세의 암흑 속에서 정체되었던 수학의 르네상스가 활발하게 진행될 수 있는 여건이 성숙되어 있었다. 이러한 때에 뉴턴은 거인들의 어깨를 딛고 우뚝 일어서서 수학의 르네상스의 마지막을 장식하고 바야흐로 근대 수학의 장을 연 또 하나의 거인이라고 할 수 있다.

뉴턴은 갈릴레이가 죽은 해인 1642년 크리스마스에 태어났다. 농부였던 그의 아버지는 그가 태어나기 직전에 사망했고 미숙아로 태어난 뉴턴은 마을 사람들이 얼마 살지 못할 것이라고 말할 정도로 작았다고 한다. 실제로 그는 어려서 몸집이 작고 허약했으며 매우 수줍음을 잘 타고 늘 우울해했기 때문에 또래 아이들과 잘 어울리지 못했다. 어머니는 이웃 마을의 가난한 목사와 재혼했고 어린 뉴턴은 케임브리지 대학 출신이었던 외삼촌의 영향과 도움을 받은 것으로 전해진다. 외삼촌은 농장 일꾼을 따라 시장에서 물건 사는 것을 거들 줄 알았던 어린 뉴턴이 나무 그늘 밑에서 독서하는 것을 보고 그를 케임브리지에 있는 트리니티 칼리지에 입학시키기로 결정했다. 가난을 벗어나기 위해 농장 일이나 시키려던 누이를 설득했던 것이다.

뉴턴은 대학 입학 준비를 하기 위해 그래섬 마을의 약재상이었던 클라크의 집에서 하숙을 했다. 그는 그 집의 다락방에서 헌책들을 발견하고 모두 탐독했다. 뉴턴은 그 집의 양녀로 있던 스토리와 사랑에 빠지게 되는데, 평생을 독신으로 보냈던 그에게 스토리는 유일한 여인이었다. 젊은 뉴턴의 가슴과 머리를 뜨겁게 했던 그래섬을 떠나 1661년 뉴턴은 트리니티 칼리지에 입학하기 위해 케임브리지로 떠났다.

뉴턴이 살았던 시대의 영국은 정치와 사회 모든 면에서 엄청난 변화를 겪고 있었다. 그가 태어나던 해인 1642년에 시민 혁명이 발발하여 크롬웰

아르키메데스 Archimedes 기원전 290/280~212/211년경. 고대 그리스의 학자·발명가. 그는 물을 끌어 올리는 장치인 '아르키메데스의 스크루 펌프'를 개발했으며 반사광학, 순수수학, 역학 등에 매우 관심이 많았다. 플루타르코스에 따르면 그는 많은 탁월한 발명을 했지만 소신이 없어 이러한 주제에 관해 저술을 남기지 않았다고 한다. 유체보다 밀도가 더 높은 고체가 그 유체 속에 있을 때 고체는 그것이 차지한 유체의 무게만큼 더 가벼워진다는 "아르키메데스의 원리"로도 유명하다.

트리니티 칼리지 나중에 뉴턴은 수학을 가르치는 교수의 신분으로 다시 케임브리지로 돌아온다. 여기에서 30년 간 수학을 가르치면서 수학 연구를 탁월한 수준으로 올려놓았으며 그 명성은 지금도 이어지고 있다.

크롬웰 Oliver Cromwell 1599~1658년. 영국의 군인·정치가. 스튜어트 왕조를 전복시키고 잉글랜드와 스코틀랜드, 아일랜드를 포괄한 공화국의 호국경을 지냈다. 이 동안 그는 쇠퇴하고 있던 영국을 유럽 열강의 지위로 끌어올렸다.

의 공화정부가 들어섰지만, 뉴턴이 대학에 입학하던 1661년에 종말을 고했다. 그리고 같은 해에 1649년 처형되었던 찰스 1세의 아들이 온 국민의 열렬한 환영을 받으며 파리 망명을 청산하고 왕위에 복귀하여 찰스 2세가 되었다.

그렇지만 왕정 복구와 더불어 시작된 영국의 새 시대는 대륙에 있는 다른 유럽 국가들보다 훨씬 앞선 성숙한 면모를 보여 주었다. 크롬웰을 추종하던 5만 명의 병사들이 사회 곳곳에 흩어졌지만 이들은 명예를 중요하게 여기는 청교도들이었기 때문에 영국 사회에서 어떠한 혼란도 일으키지 않았다. 그리고 정치적으로는 왕정이 다시 시작되었음에도 불구하고, 찰스 2세는 의회의 지탄을 받는 장관들을 가차없이 파면했다. 이러한 배경에는 그동안 소리 없이 싹튼 영국인의 성숙된 시민 의식이 자리잡고 있었다. 템스 강의 선원이 상원 의원들과 정치를 논하는 광경을 목격하고 놀라워하는 프랑스 대사, 그리고 비록 다음 세기의 일이기는 하지만 기와공이 지붕 위에서 신문 읽는 것을 보고 감탄하는 프랑스의 사상가 몽테스키외의 이야기는 이를 뒷받침하고 있다.

역사에 과도기는 없다. 아니 어쩌면 모든 시대가 다음 시대의 과도기라는 표현이 더 적절할지도 모른다. 크롬웰의 혁명은 막을 내렸지만 그 정신은 그대로 영국인에게 내면화되었고 다만 혁명의 독재만 거부당한 것이다. 한편, 오랜 망명 생활로 제멋대로이기는 했지만 새로 왕위에 오른 찰스 2세는 아버지의 전철을 밟지 않고 인기 있는 왕이 되기 위해 많은 노력을 기울였다.

공화국 시절 예술에 굶주렸던 영국에서는 다시 극장의 막이 올라갔고, 왕의 지시로 코벤트 가든에 두 개의 극장이 설립되었다. 런던의 하이드 파크와 그린 파크가 왕립공원의 모습을 갖추게 되었고 그리니치에는 지금의 왕립해군대학이 된 새로운 궁전을 건축했다. 그리고 무엇보다도 세계과학학회 가운데 최대 규모인 왕립학회가 설립되었다.

영국의 왕립학회는 그 전까지 비공식 회합을 가지던 과학자들이 찰스 2세의 지원을 받아 1660년 공식적으로 런던의 그레샴 대학에서 첫 모임을 가지기 시작함으로써 만들어졌다. 약간의 지적 호기심과 과학에 대한 관심을 가지고 있었던 찰스 2세는 '자연과학의 발전을 위한 런던왕립학회'라는 원래의 명칭 대신에 왕립학회라는 새 이름을 붙였다.

여기에는 자신의 기하학적 소양을 바탕으로 극장과 그리니치 천문대 등을 설계한 크리스토퍼 렌, 기체의 압력을 지배하는 법칙을 확립한 물리학자이며 화학자였던 로버트 보일, 최초의 생명 통계표를 작성한 인구통계학의 창시자인 윌리엄 페티 경, 의사로서 의학에 공헌했으며 태어날 때 인간의 오성은 백지와 같다고 표현한 경험주의의 대표적인 사상가 존 로크, 크롬웰을 위해 적군의 암호 해독에 수학적 재능을 발휘했고 뉴턴

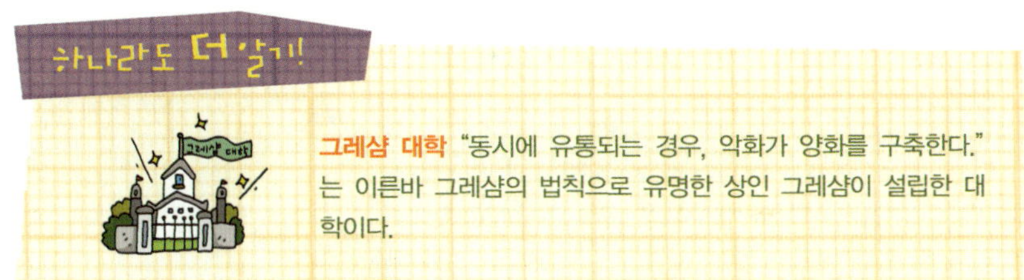

그레샴 대학 "동시에 유통되는 경우, 악화가 양화를 구축한다."는 이른바 그레샴의 법칙으로 유명한 상인 그레샴이 설립한 대학이다.

의 수학적 개념을 형성하는 데에 영향을 준 수학자 존 윌리스, 그리고 아이작 뉴턴이 회원으로 있었다. 뉴턴은 1672년에 왕립학회의 회원이 되어 30년 뒤에는 회장으로 선출되었고 죽을 때까지 그 자리를 지켰다.

바야흐로 영국 사회는 과학과 정치, 그리고 철학에 큰 비중을 두는 새로운 사회로 변모하게 되었다. 그렇지만 좋은 일에는 항상 안 좋은 일이 따른다는 말처럼 영국은 엄청난 재앙에 휩쓸리게 되었다. 1664년과 1665년에 걸쳐 불결했던 런던 시내에 창궐한 흑사병은 당시 인구의 10퍼센트를 희생시켰고, 설상가상으로 몇 달 뒤에는 시가지의 3분의 2를 잿더미로 만든 대화재가 발생했다. 민심이 흉흉해지고 사람들이 크게 동요했지만, 비 온 뒤에 땅이 굳어지듯이 이러한 재앙은 불타 버린 옛 도시에 새로운 교회와 건물들이 들어설 수 있는 기회가 되었다. 그런데 무엇보다도 중요한 것은 바로 이 시기에 뉴턴이 수학과 과학의 절정기를 맞이하게 된 것이다. 흑사병이 돌아 케임브리지 대학이 문을 닫게 되자 뉴턴은 고향인 울스토르프로 돌아와 이듬해까지 머물렀다. 울스토르프에서 그의 연구와 사색을 방해할 사람은 어머니 외에는 아무도 없었다. 이 무렵 그의 나이는 스물세 살이었는데 사실상 그의 위대한 발견의 대부분은 이때 마무리지어졌다. 말년에 뉴턴은 "이 모든 것은 1665년과 1666년의 흑사병이 돌았던 시기에 이루어졌다. 그 당시 나의 창조력은 절정에 달해 있었으며, 그 뒤의 어느 때보다도 수학과 자연철학에 마음을 집중할 수 있었기 때문이다."라고 기록하고 있다.

출판된 그의 책 가운데서 가장 위대한 걸작인 《프린키피아》에 대한

구상도, 그의 나이 스물세 살 때인 1665년에 이미 그의 머릿속에서 정리가 끝났지만 1672년에서 1674년에 걸쳐서야 비로소 기록으로 남겨졌다. 스스로 정리하기 위해서였는지 또는 후세 사람들을 위해 기록했는지는 알 수 없지만 불행하게도 그 원고(1부)는 10여 년 동안 서랍 안에 처박혀 있었다. 대부분의 과학자와는 달리 뉴턴은 자신의 업적을 발표하는 것을 이상할 정도로 기피하는 습관이 있었다. 그런데 그의 친구인 에드먼드 핼리가 1684년에 우연히 그 원고의 존재를 알게 되었다.

핼리는 세계적으로 유명한 천문학자 가운데 한 사람으로 핼리 혜성을 발견한 장본인이다. 그렇지만 과학에 대한 그의 가장 큰 공헌은 《프린키피아》를 출판하도록 뉴턴에게 충고하고, 제2부와 제3부를 완성하도록 옆에서 재촉하면서, 비용을 대고 출판을 도운 일이라고 할 수 있다.

1687년에 뉴턴의 가장 위대한 과학책인 《프린키피아》가 세상에 나오면서 드디어 현대 과학의 탄생을 예고하게 된다. 이 책에는 과연 어떤 내용이 담겨져 있는가? 《프린키피아》에는 너무 다양한 분야의 내용이 들어 있어 한마디로 말하기는 어렵지만, 지구 위와 태양계에 있는 물체의 운동과 힘에 대한 수학적 연구라 할 수 있다. 다시 말하면, 뉴턴은 지상과 천체에서 일어나는 모든 역학을 하나의 과학으로 통일시킨 최초의 사람인 셈이다.

《프린키피아》는 서문과 세 권의 책으로 구성되어 있는데 서문에는 유명한 운동 법칙이 기록되어 있다. 1권과 2권에는 여러 가지 힘과 운동에 대한 가설을 설명하고 있고, 3권에는 앞에 있는 일반적인 원리를 특정한 지구 위에서의 운동과 행성 운동에 적용하고 있다. 결국 뉴턴의 수학은 엄격한 논리로 무장되어 있는 추상화된 순수수학이 아닌 응용수학으로, 《프린키피아》는 수리물리학자가 쓴 수학책이라고 할 수 있다. 이 점에서 뉴턴의 미적분학은 라이프니치의 그것과 구별된다. 그는 1727년 3월 20일에 여든다섯 살의 나이로 평안하게 세상을 떠났다. 그의 유해는 웨스트민스터 교회에 안장되었다.

핼리 혜성 에드먼드 핼리는 1531, 1607, 1682년에 광측된 혜성이 1758년 다시 돌아온다고 예측했다. 정말로 이 혜성은 1758년 말부터 보이기 시작해 다음 해 3월에 근일점을 통과했다.

통계학이 가르쳐 주는 것들

    통계에서 가장 중요한 것은 정확한 표본의 추출이며, 이를 위해 가장 많은 노력을 기울이는 곳은 여론 조사 기관일 것이다. 갤럽의 여론 조사, 미디어 리서치의 여론 조사, 아무개 경제 연구소의 여론 조사 등은 요즈음 우리 귀에도 그리 낯선 단어가 아니다. 일반 국민들의 의견을 알아 보기 위해 이들 기관에서는 표본을 추출하여 특정 질문에 대한 반응을 수집한다. 예를 들어 선거 직전 투표자의 성향, 동강 댐 건설과 같은 환경 문제에 대한 의견, 경제 정책에 대한 찬반 의견과 같은 여론에 대한 조사는 국가 정책뿐만 아니라 개인의 삶에도 지대한 영향을 미치는 사안들이다.

    이렇게 중요한 여론 조사의 밑바탕에는 수학적 통계의 핵심에 접근하는 매우 중요한 논리적 문제들이 담겨 있는데, 가장 우선적이고 필수적으로 해결해야 할 문제는 정확한 표본의 선택이다. 잘못된 표본으로 여론 조사를 실시했던 한 회사가 한참 잘 나가던 상황에서 급격하게 몰락의 길을 걷게 되는 경우에서 우리는 수학적 통계의 중요함을 알 수 있다. 1936년, 미국의 대통령 선거는 캔사스 주지사였던 공화당의 앨프리드 랜들과 현직 대통령이었던 민주당 후보 프랭클린 루스벨트의 이파전이었다. 선거 당시 미국은 대공황에서 아직 벗어나지 못했기 때문에 실업 문제와 정부의 적자 재정과 같은 경제 문제가 선거 유세에서 가장 커다란 쟁점이었다. 당시에 가장 영향력 있는 잡지 가운데 하나인 《리터러리 다이제스트 (Literary Digest)》를 발행하는 다이제스트 사는 선거 몇 주일을 남겨 두고 대통령 선거에 대한 여론 조사를 실시했다. 이 잡지 회사는 1916년부터 선거 때마다 여론 조사를 해 왔는데, 선거 결과를 항상 정확하게 예측하여 그 명성과 권위를 자랑하고 있었다. 1936년에 행한 여론 조사에서는 1천만 명이라는 엄청난 크기의 표본을 바탕으로, 이 잡지는 랜들이 57퍼센트를 얻어 43퍼센트를 얻은 루스벨트를 누르고 대통령에 당선할 것이라고 예측했다. 그렇지만 실제 결과는 루스벨트가 62퍼센트를 득표해 38퍼센트밖에 득표하지 못한 랜들을 누르고 재선에 성공했다. 이제까지 실시되었던 그 어떤 여론 조사에서도 볼 수가 없었던 무려 19퍼센트라는 엄청난 오차를 보였던 것이다. 더욱 기가 막힌 사실은 대략 5만 명의 표본으로 여론 조사를 실시한 갤럽이 루스벨트의 승리를 정확하게 예측했던 데 반해, 다이제스트 사는 이보다 약 50배 가량이나 많은 무려 240만 명이라는 표본을 가지고 전혀 틀린 예측을 했다는 점이다.

문제는 이 회사의 표본 추출 방법이었다. 이 회사는 미국 전화번호부에 등록된 모든 사람과 잡지 구독자 명단, 그리고 전문직과 동호인 클럽에 등록된 명단으로 우편 발송 명부를 작성했다. 그 결과 이 명부에는 약 1천만 명이 등록되었는데, 다이제스트 사는 이들 모두에게 우편으로 모의 투표 용지를 발송하여 여기에 누구를 뽑을 것인가를 기록한 뒤 이 용지를 다시 잡지사로 보내 달라고 요청했다.

선거 결과를 잘못 예측한 현실의 심판은 냉정했다. 선거가 끝난 뒤 신뢰성에 커다란 타격을 입은 이 회사의 매출은 급격하게 감소했으며 결국에는 문을 닫고 말았다. 이 회사의 경우는 수학적 통계에서의 실책이 얼마나 엄청난 재앙을 몰고 오는지를 보여 주는 대표적 사례 가운데 하나로 남았다.

다이제스트 사가 저지른 첫 번째 심각한 잘못은 표본 선택에 있었다. 이 회사가 선택한 표본은 중산층과 상류층 사람들로 구성되었기 때문이다. 1936년 당시만 해도 전화는 미국 사회에서도 사치품에 속했으며 클럽 회원들과 잡지 구독자들도 대부분 중산층 이상의 사람들이었다. 실업자 수가 무려 900만 명에 달하는 당시의 심각한 경제 상황을 고려할 때 이는 분명히 잘못된 선택이었다. 경제 상황만을 고려한다 해도 이 표본이 전 미국인을 대표하는 표본이라고 할 수는 없었던 것이다.

다이제스트 사가 범한 두 번째 잘못은 1천만 명에게 모의 투표지를 발송했는데, 이 가운데 단 240만 명만이 조사에 응답했다는 점이었다. 표본의 크기가 원래의 의도보다 약 4분의 1로 축소된 것이다. 표본에서 원래 의도했던 전체 사람들에 대하여 응답한 사람들의 비율을 응답률이라 하는데, 이 응답률이 극히 낮으면 그때의 표본은 무응답으로 인해 공정하지 못한 또 다른 편파적인 표본이라고 한다. 다이제스트 사의 경우 24퍼센트에 지나지 않는 극히 낮은 응답률을 보이고 있어 무응답에 의한 편파적인 표본의 대표적인 사례이다. 오늘날에는 여론 조사를 할 때 대부분 직접 면담을 하거나 또는 전화를 이용하고 있다. 전화를 이용하는 것은 직접 면담하는 것보다는 약간 편파적인 표본을 만들 수 있는 위험이 있지만 그래도 비용이 적게 든다는 장점을 갖고 있다. 그렇지만 응답자가 직접 전화를 걸어 자신의 의사를 밝힌 자료를 토대로 결론을 내리는 것은 또 다른 불공정한 표본을 산출하는 잘못된 방법이다. 예를 들어 요즈음 텔레비전의 인기 가요 순위를 결정짓는 것과 같은, 표본 추출에 있어 자신의 의사를 알리고자 하는 사람들만으로 표본을 구성하기 때문에 매우 편파적인 것이 되어 이때의 결론은 결코 신뢰할 수 없는 정보라고 할 수 있다. 결국 1936년 미국 대통령 선거 결과에 대한 여론 조사에서 다이제스트 사가 범했던 실수는 통계학적으로 다음과 같은 교훈을 우리에게 가르쳐 준다.

다이제스트 사는 여론 조사에서 범한 단 한 번의 실수 때문에 회사 문을 닫게 되는 비극을 맞았지만 다르게 보면 위의 두 가지 교훈을 통계학계에 남기는 공헌을 한 셈이기도 하다.

오일러
Euler

오일러는 거의 은유법을 쓰지 않고 과장도 없이, 말하자면 해석학의 화신이라고 부를 수 있을 것이다. 오일러는 사람이 숨을 쉬듯, 독수리가 공중에 떠 있듯이 어떤 외견상의 노력 없이 계산을 해냈다.

– 프랑수아 아라고 –

앞을 내다볼 수 있었던
장님

러시아의 예카테리나 여왕은 러시아 태생이 아니면서도 남편이 죽은 후 제정 러시아를 통치했다. 여왕은 유럽의 학문과 문화를 숭배했고, 러시아의 부흥을 위해 많은 유럽의 지성인들을 자신의 궁정으로 초청하곤 했다. 그 지성인들 가운데에는 디드로도 있었다. 디드로는 자신의 박학다식한 지식을 바탕으로 무신론을 부르짖었다.

"여러분들은 정말로 신이 존재한다고 생각하십니까? 매일 아침 교회에 나가 기도하는 것으로 여러분의 미래를 보장받을 수 있다고 생각하십니까? 여러분! 신은 존재하지 않습니다. 그것은 모두 나약한 인간들이 만들어 낸 허상에 불과합니다. 선량한 서민들을 잘못 이끄는 미신이란 말입니다. 그러니 여러분들은 각자의 자리로 돌아가 가족의 평화를 위해 열심히 일해야 합니다. 가족들의 굶주린 배를 채워 주는 것은 신이 아닌 여러분의 땀과 노력입니다."

디드로의 이와 같은 발언은 당시로선 엄청난 반역이었다. 당시 사람들에게 있어 신에 대한 믿음은 삶 그 자체였으며, 신을 모시는 교회 또한 막강한 영향력을 발휘하던 때였기 때문이다. 그러한 교회를 모욕하고 신의 존재까지 부정한다는 것은 죽음을 각오하는 일이었다.

궁중에서도 무신론을 굽히지 않는 디드로의 존재는 여왕에게도 성가신 존재가 아닐 수 없었다.

"그 디드로라는 작자 말이오. 가만히 지켜만 보기엔 너무 위험하다는 생각이 들어서 그러오. 처음엔 그냥 흘려듣기만 하던 거리의 시민들도 이제는 그의 말에 조금씩 현혹되고 있는 듯하오. 그러나 그는 알다시피 많은 사람들에게 존경의 대상이 되는 인물이오. 그를 함부로 다뤘다간 일이 너무 커질 것 같단 말이오. 그 정신병자의 입을 막을 좋은 방법이 떠오르지 않아 고민이라오."

"폐하, 제가 알기로는 그는 우리 러시아인이 아니지 않습니까? 그러니 그 스스로 러시아를 떠날 수 있도록 묘책을 세우는 것이 옳다고 생각합니다."

"듣고 보니 그대의 말이 맞는 것 같소. 그래, 디드로를 내쫓을 좋은 묘책이라도 있소?"

"거기까지는 저도……."

그때, 둘의 대화를 듣고 있던 또 다른 신하 하나가 의견을 내놓았다.

"폐하, 지금 러시아 백성들로부터 가장 존경받고 있는 인물로 수학자 오일러 선생이 있습니다. 그분이 써 놓은 책과 논문들은 많은 사람들에게 읽혀지고 있으며 큰 감동을 주고 있습니다. 평소 생활 또한 늘 겸손하고 아이들을 좋아해서 남녀노소 누구나 오일러 선생을 존경한다고 합니다. 그분의 비상한 머리는 누구도 따라올 자가 없을 정도라고 하니, 그분을 모셔 오는 것이 어떠한지요? 아마 좋은 묘책을 일러줄 것입니다."

"그래. 나 또한 그분의 이름을 익히 들어 알고 있었다만, 미처 거기까지는 생각하지 못했구나."

예카테리나 여왕은 말이 끝나기가 무섭게 곧바로 명을 내렸다.

"지금 당장 오일러 선생을 찾아 뵙고, 간곡히 청을 하여 귀히 모셔 오도록 하시오."

그날 저녁, 여왕의 부름을 받은 오일러가 궁중을 찾았다.

"오일러 선생. 선생도 디드로라는 작자의 이름을 들어 보셨겠지요? 지금 그는 신을 모독하고 교회를 비판하며 선량한 시민들의 정신을 어지럽히고 있소. 그러나 그를 처형한다는 것은 정치적으로도 매우 예민한 사항이라 내 이토록 결단을 내리지 못하고 고민하고 있소. 그대의 지혜와 슬기로 어려움에 처한 나를 좀 도와주었으면 하오."

예카테리나 여왕의 청을 듣고 난 오일러는 잠시 눈을 감은 채 생각에 잠겼다. 잠시 후, 뭔가 좋은 묘책이 떠올랐는지 조용히 눈을 뜬 오일러는 여왕을 향해 말했다.

"그리 걱정하지 않아도 좋을 듯합니다, 폐하. 일단 내일 아침 디드로를 궁으로 불러 주십시오."

"그래요? 오일러, 당신을 믿어도 되겠죠? 그럼 내일 아침 여러 대신들이 모인 자리에서 강연을 하도록 디드로를 초청하겠소."

다음 날 아침, 여왕을 비롯한 여러 대신들이 강연장에 모였다. 오일러도 여왕의 옆자리에 앉아 디드로의 강연을 유심히 지켜보고 있었다. 디드로는 언제나 그랬듯이 쩌렁쩌렁한 목소리로 강하게 무신론을 주장했다.

"저의 주장은 거짓이 아닙니다. 신이 존재한다는 것을 어떻게 믿을 수 있습니까? 거리의 시민들은 신앙심에만 의지한 채 무기력한 인간으로 살아가고 있으며, 교회는 온갖 달콤한 말들로 이들을 현혹하고 있습니다. 자신의 삶을 실체도 알 수 없는 존재에게 송두리째 맡긴다는 것이 얼마나 어리석은 일입니까? 이제 국가는 무지한 시민들을 일깨우는 데 앞장서야 할 것이며, 그들에게 열심히 일할 수 있는 길을 안내해야 합니다."

디드로의 열변으로 강연장의 분위기는 무르익어 가고 있었다. 그러나 시간이 지날수록 예카테리나 여왕의 미간은 분노로 일그러져 갔다. 그런 여왕의 표정을 오일러가 놓칠 리 없었다. 더 이상 듣고 있을 수만은 없다고 판단한 오일러는 디드로를 보며 손을 번쩍 들었다. 그리고 디드로 앞으로 뚜벅뚜벅 걸어가더니 차분한 목소리로 말을 건넸다.

"디드로 선생. 당신의 사상이 무엇인지는 내 충분히 이해했소. 하지만 나는 당신에게 신이 존재한다는 사실을 증명해 보일 수가 있답니다."

"그래요? 오일러 선생, 내 앞에서 신의 존재를 보여 주시오."

"나도 당신처럼 몇 년 간의 연구를 거듭해 왔죠. 그리고 피나는 노력

끝에 드디어 신이 있다는 사실을 수학적으로 증명할 수 있었답니다. 자, 내 계산에 의하면 $\frac{(a+b^n)}{n}=x$ 이오. 그러므로 신은 존재한다고 할 수 있습니다.”

무신론을 웅변조로 강력하게 옹호했던 프랑스 학자 디드로는 수학식의 의미를 해석할 수 없어 그만 어안이 벙벙해질 수밖에 없었다. 꿀 먹은 벙어리가 된 디드로는 얼굴이 벌겋게 달아올랐고, 결국 몇 차례 헛기침만 하다가 강연장을 빠져나왔다. 그리곤 그날의 치욕을 잊지 못해 한동안 자괴감에 빠져 지내다가 아무도 모르게 고국인 프랑스로 돌아가 버렸다고 한다. 오일러의 주장에 대하여 디드로가 보인 묵묵부답의 태도는 사실상 그와 같은 지성인들을 포함하여 대부분의 사람들이 수학에 대해 보이는 반응이다. 유명한 프랑스 철학자였던 그도 수학을 이해할 수 없어 창피를 당한 것이다.

무신론자인 디드로를 한 방에 날려 버린 오일러는 18세기 가장 위대한 수학자였다. 어렸을 때부터 배우는 것을 좋아하고 무엇이든 열심히 하는 학생이었는데, 그 중에서도 특히 수학에 관심이 많았다. 노트나 계산기를 사용하지 않고 대부분의 계산을 암산으로 해결할 만큼 그의 암산 실력은 타의 추종을 불허했다. 주위에서 어려운 문제가 있거나 자문을 구할 일이 있으면 언제든지 오일러의 방문을 두드릴 만큼 오일러는 주변 사람들과도 거리감 없이 지냈다.

한번은 독일의 쾨니히스베르크의 거리를 걷고 있는데, 여러 사람들이 한데 모여 시시비비를 가리고 있었다. 쾨니히스베르크의 거리에는 7개의 다리가 있는데 이 다리들을 꼭 한 번씩 차례로 건널 수 있느냐를 두고 논쟁을 하는 것이었다. 마침 이곳을 지나는 오일러를 보게 된 한 사람이 오일러에게 다가왔다.

"선생님, 여기에 있는 7개의 다리를 한 번씩 차례대로 건널 수 있는지요?"

그의 물음에 오일러는 별로 고민하지도 않고 쉽게 대답해 주었다.

"이 다리들을 한 번씩 차례대로 건넌다는 것은 불가능한 일이오."

그리고는 불가능한 이유에 대해서 자세히 증명해 보였다. 이것은 오늘날 '한 붓 그리기'와 같은 문제에서 볼 수 있는 것으로서, 위상기하학이라는 분야의 태동을 알리는 문제였다.

이처럼 뛰어난 그의 수학적 능력은 수학뿐만이 아니라 과학, 천문학 등 여러 분야에서 많은 업적을 남겼다. 그는 러시아의 상트 페테르부르크 학술원에 몸담고 있으면서 많은 제자들을 가르쳤고, 새로운 연구에 몰두했다. 한번은 천문학과 관련된 문제 하나를 풀어 달라는 부탁을 받았는데, 이는 상당한 시간이 걸리는 매우 어려운 문제였다. 그러나 그는 단 3일 만에 문제의 해답을 구해 냈다. 적어도 3개월은 걸릴 것이라고 예상했던 과학자들은 그의 놀라운 집중력에 모두 혀를 내두를 수밖에 없었다. 그러나 그 문제를 해결하고 난 후의 대가는 너무도 가혹했다. 며칠 뒤 그는 심한 열병을 앓게 되었고, 이 때문에 오른쪽 눈의 시력을 잃고 만 것이다.

그 뒤 이 수학자는 다시 왼쪽 눈에 백내장을 앓게 되어 서서히 시력을 잃어 갔다. 그러나 그는 실의에 빠지지 않고 자신의 아들과 다른 조수들에게 자신의 연구 결과를 받아 적게 했다. 커다란 석판을 칠판처럼 자신의 책상 위에 걸어 놓았던 것이다. 그는 두 눈이 완전히 멀게 되자 아예 자신이 말하는 것을 조수들이 받아 적고 이를 편집하도록 했다. 그림이 있는 개념일 경우에는 직접 분필을 쥐고 몇 개의 그림을 그려 보여 줬다. 그의 조수들은 그 그림을 나중에 사용하기 위해 주의 깊게 베껴 두었다. 자신이 영원히 장님으로 살게 될 것이라는 사실을 받아들이면서 오일러는 친구들에게 다음과 같이 말했다.

"이제 다른 분야에는 신경 쓸 여유가 없겠네."

이는 사실이었다. 그때까지 다른 사람들과 같은 속도로 과학과 수학 논문을 발표했던 오일러는 그 뒤부터는 훨씬 더 빠른 속도로 더 많은 양의 논문을 발표하기 시작했다. 오일러는 스위스에서 태어났지만 그의 가르침과 연구는 대부분 러시아와 독일에서 이루어졌다. 그는 독일어와 프랑스어, 그리고 러시아어를 구사했지만 대체로 라틴어를 많이 썼다. 그는 지금까지 알려진 어떤 수학자보다 가장 많은 저술을 남겼다. 심지어 러시아 초등학교 교과서도 집필했다. 물론 다른 학자들을 위한 책도 남겼다. 얼마나 많은 저술을 했던지 그가 사망한 뒤 그가 남긴 작품들의 제목만 나열해도 50쪽 분량이 되었다. 그는 4천 통의 편지를 제외하고도 매년 평균적으로 800쪽의 글을 썼다. 그의 집필 속도는 무척 빨랐지만 매우 신중했다는 평을 받고 있다. 누군가가 그에게 그렇게 빨리 글을 쓰면서도 어떻게 정확할 수 있는지 물어 보자 그는 얼굴을 붉히며 다음과 같이 말했다.

"아, 그거요? 사실은 내 펜이 나보다 더 똑똑하거든요."

오일러의 저술은 대부분이 수학에 대한 것이었지만 총포, 북극광, 항해술, 음향, 조선, 복권, 자기, 천문학 등에 수학을 응용해 글로 남기기도 했다. 그의 논문 가운데 한 편에는 그가 태어날 무렵 독일의 한 도시에서 발생한 유명한 문제에 대한 풀이가 담겨 있는 것도 있다.

오일러를 싫어하는 사람은 없었다. 그는 항상 명랑했고 낙천적이었으며 특히 어린이들을 좋아했다. 그는 열세 명의 자식을 두었는데, 이 중에서 다섯 명만 살아남았다. 그는 무릎 한쪽에 아기를 앉혀 놓고 어르면서 수학 문제를 풀곤 했다. 아이들을 데리고 인형극 구경을 즐겨 갔으며 재미있는 장면이 나오면 어찌나 심하게 웃어 댔는지 다른 청중들은 오히려

그가 웃는 것을 보고 그게 재미있어 웃는 경우도 있었다. 아이들이 고양이를 쫓느라 시끄럽게 떠드는 난장판 속에서도 오일러는 수학 문제를 풀었다. 어떤 복잡한 문제를 풀고 있더라도 식사 시간이 되면 식사를 한 뒤에 다시 그 문제 풀이에 골몰했다. 그런데 만일 그의 계산 과정이 종이나 계산기로 이루어졌다면 이런 일들이 특이할 게 없었지만 모두 암산으로만 하는 그의 계산 습관을 생각한다면 보통 사람들은 도저히 상상하기 어려울 정도로 놀라운 일이다.

오일러의 천재적인 머리와 굽힐 줄 모르는 의지야말로 그가 가진 가장 귀중한 재산이었지만, 그에게 가장 힘들었던 것은 역시 시력을 상실한 일이었다. 비록 그것이 자신의 연구 의지를 꺾지는 못했지만 자식들과 손자들을 두 눈으로 보지 못하고 그들과 함께 놀아 주지 못한다는 생각이 그를 의기소침하게 만들었음은 틀림없는 사실이다. 언젠가 완전히 눈이 멀고 5년 정도 지난 뒤에 의사들이 그의 시력을 회복시키고자 수술을 시도한 적이 있었다. 수술은 매우 성공적이어서 오일러는 잠시 시력을 회복하는 행운을 맛보았다. 그러나 그의 두 눈은 다시 감염되어 며칠 동안의 극심한 통증을 겪었고 그 뒤로 영원히 시력을 잃고 말았다.

그는 장님이 된 후 무려 17년이라는 세월 동안 끊임없이 연구 활동에 매달렸다. 그가 남긴 엄청난 양의 작품들은 그가 사망한 후 43년이 지나서야 모두 출판할 수 있었다. 이 같은 불굴의 의지를 보여 준 오일러를 두고 혹자는 귓병을 앓아 청력을 잃은 후 무수히 많은 명작을 작곡한 천재 음악가 베토벤에 비유하기도 한다.

이 책의 ISBN과 11의 배수

이 책의 뒤표지에는 국제표준도서번호(ISBN)인 13개의 숫자가 하이픈(-)으로 연결되어 있다. 두 번째 두 개의 숫자 '89'는 한국, 다음에 나오는 숫자는 출판사, 그 다음의 숫자는 책의 고유번호이고 마지막 숫자는 체크 숫자이다.

이때 체크 숫자는 다음과 같이 10개의 숫자에 10부터 1까지의 자연수를 차례로 곱하여 더한 합이 11의 배수가 되도록 정한다.

이 책의 ISBN 978-89-349-2550-7을 예로 들어 보자.

$8 \times 10 + 9 \times 9 + 3 \times 8 + 4 \times 7 + 9 \times 6 + 2 \times 5 + 5 \times 4 + 5 \times 3 + 0 \times 2 + 7 = 319 = 29 \times 11$

오일러의 생애

Leonhard Euler 1707~1783년

"오일러가 계산을 할 때에는 마치 사람이 호흡을 하고 독수리가 공중을 날듯이 겉으로 보기에 전혀 힘들어하는 것 같지 않았다."

수학 논문 작성을 마치 친구에게 편지 한 통 쓰는 것처럼 생각했던 오일러의 모습을 생생하게 보여 주는 이야기이다. 생애의 마지막 17년을 완전히 장님으로 보냈지만 오히려 더 많은 작품을 남긴 오일러는 수학의 베토벤이었다고 말할 수 있다.

레온하르트 오일러는 스위스 바젤에서 목사의 아들로 태어났다. 목사가 되기를 바라는 아버지의 뜻에 따라 그는 바젤 대학에 입학하여 신학과 히브리어를 공부하면서 당대 최고의 수학자 집안 가운데 하나인 베르누이 일가와 친교를 맺어 요한네스 베르누이에게 수학 개인지도를 받았다. 베르누이 일가는 수학사에서 매우 유명한 집안으로 족보상으로 120명 정도가 올라 있는데, 그들 대부분이 수학뿐만 아니라 법률, 과학, 문학, 사회학, 행정, 예술 등에서 뛰어난 성공을 거두었다. 특히 이 집안은 3대에 걸쳐 8명의 수학자를 배출했고, 그 가운데 몇 사람은 근대 수학에서 미적분 발전에 뛰어난 공헌을 했다. 오일러와 거의 같은 시기에 태어나 친구처럼 지냈던 다니엘 베르누이가 청년 시절 여행 중에 만난 낯선 사람과 대화를 나누면서 자신을 다니엘 베르누이라고 소개하자, 상대방은 농담인 줄 알고 야유조로 "그렇다면 나는 아이작 뉴턴일세."라고 맞받아쳤다는 일화가 전해질 정도로 유명한 가문이었다.

나중에 다니엘 베르누이의 아들인 야코브 2세는 오일러의 손녀와 결혼하여 두 집안은 사돈 사이가 되었다. 오일러가 수학자의 길을 가게 된 데에도 베르누이의 역할이 결정적이었다. 신학에 전념하라는 아버지의 고집에 맞서 베르누이가 오일러는 목사가 아닌 수학자로서의 운명을 타고난 사람이라고 설득했던 것이다. 또 대학을 졸업하고 교수의 지위를 얻지 못한 오일러에게 러시아 페테르부르크 학사원의 의학부 준위원의 자리를 마련해 준 것도 베르누이였다.

1727년 당시 러시아의 국내 상황은 외국인이었던 오일러가 견디기 매우 어려운 분위기였지만, 계속 태어나는 아이들을 부양하기 위해 오일러는 오직 일에만 몰두했다. 여기서 잠깐 18세기 학문 분위기를 살펴볼 필

다니엘 베르누이 Daniel Bernoulli 1700~1782년. 스위스 베르누이 가의 2세 가운데 가장 뛰어난 수학자. 수학뿐 아니라 의학 생물학 생리학 역학 물리학 천문학 해양학 등도 연구했다. 그가 유도한 '베르누이 정리'는 그의 이름을 딴 것이다.

요가 있다. 당시 학문의 중심지는 오늘날과는 달리 대학이 아니었다. 수학은 그래도 오랜 역사와 전통을 가지고 있어 존중되는 분야였지만 물리학은 그렇지 않았다. 대학에서 가르치는 수학도 초보적인 내용을 가르치는 데 주력했기 때문에 사실상의 연구는 이루어지지 않았다. 대부분의 연구는 학문에 대한 관심과 지성을 갖춘 왕이 후원하는 학사원에서 이루어지고 있었다. 수학은 프러시아의 프리드리히 대왕과 러시아의 예카테리나 2세 여왕의 후원으로 계속해서 꽃피울 수 있었다. 일단 학사원에 발을 들여놓으면 연구를 계속할 수 있도록 물질적인 지원을 받는데, 연구자 자신뿐만 아니라 그 가족이 걱정하지 않고 지낼 수 있을 정도로 풍족한 재정적 지원이었다. 오일러가 러시아에 처음으로 발을 들여놓은 날, 이 학사원의 가장 큰 후원자였던 예카테리나 1세가 사망하면서 학사원은 위기를 맞게 되었고, 이에 환멸을 느낀 오일러의 친구 베르누이는 스위스로 돌아가고 말았다.

그 뒤 러시아가 정치적 혼란기를 겪는 동안에 학사원은 위기에 놓였지만 오일러는 자신의 연구에만 집중했고, 이때 오른쪽 눈의 시력을 잃는 시련을 겪었다. 1740년, 러시아의 정치적 상황에 환멸을 느낀 오일러는 프리드리히 대왕이 후원하는 베를린 학사원의 초빙을 기꺼이 수락했다. 이때에 황태자비와 오일러가 나눈 대화는 러시아에서 그의 생활이 어떠했는지를 잘 말해 준다. 말수가 적은 오일러의 생각을 듣고자 황태자비가 물었다.

“왜 아무 말씀도 안 하시죠?”

"폐하, 저는 말을 하면 목이 달아나는 나라에서 왔습니다."

러시아는 오일러와의 인연을 완전히 끊으려고 하지 않았다. 러시아에 머무는 13년 동안 오일러는 자신의 연구를 진행하면서 동시에 러시아 학교를 위한 초등 수학 교과서를 편찬했고, 정부의 지리 부문의 일을 총괄했으며, 도량형의 개정 작업에 도움을 주며, 척도 검증에 대한 실용 방안을 강구했다. 러시아는 오일러라는 천재 수학자가 얼마나 보배로운 존재인지를 잘 알고 있었다. 러시아 학사원은 오일러가 비록 베를린에 머물고 있었지만 계속해서 그에게 재정적 지원을 해 주었다. 뿐만 아니라 1760년에 프러시아와 전쟁을 벌인 러시아 군대가 브란덴부르크에 진격하여 오일러의 농장에 손실을 입히는 사건이 발생하자, 러시아 장군은 자신은 학자와 전쟁을 벌이는 것이 아니라며 손실에 대한 배상금을 지불했고 이 소식을 들은 러시아 황후 옐리자베타는 배상금 외의 상당한 돈을 그에게 보냈다.

베를린에서 프러시아 대왕과의 사이가 벌어지자 1766년 그는 다시 가족들을 데리고 상트 페테르부르크로 돌아갔다. 이때에 그는 나머지 한쪽 눈의 시력마저 잃게 되어 완전히 장님이 되고 말았다. 눈으로 볼 수 있는 마지막 빛이 사라지자 오일러는 아들에게 자신의 말을 받아 적게 했다. 그리하여 그는 눈이 멀기 전보다 장님의 된 뒤에 오히려 더 많은 논문을 완성할 수 있었다. 그의 논문을 모두 모아 책으로 펴내면 큰 판형으로 80권 정도의 분량이 된다. 이 모든 업적은 그의 비상한 기억력 덕분이었다.

1783년 9월 18일, 일흔여덟 살로 죽음을 맞이한 위대한 수학자이자 행복한 천재였던 오일러의 마지막 모습은 자신이 연구했던 복잡한 수학에 비하면 단순하기 그지없었다. 그날 오전에도 오일러는 팽창하는 풍선의 속도를 계산하고 있었다. 저녁 식사를 마치고 파이프를 물고 휴식을 취하면서 어린 손자들과 함께 놀아 주던 그는 갑자기 심장마비를 일으켰다. 오일러는 곁에 있던 분필을 집어들고 석판에 다음과 같이 썼다.

"나는 죽는다."

그토록 많은 업적을 남긴 삶의 끝은 그렇게 다가왔다. 마침내 오일러는 숨을 쉬며 사는 일과 계산하는 일을 함께 마감했다.

박테리아 나라에 사는 한 평범한 박테리아가 있었다. 그들은 새로이 정착할 곳을 찾으러 이리저리 떠돌아다니다가 땅속에 묻혀 있던 콜라 병을 발견하고 이를 자신들의 거주지로 삼는다. 새로운 식민지에 정착한 이 대담무쌍한 탐험가들이 처음에는 단 두 마리였다고 가정해 보자. 그리고 이들은 1분에 두 배씩 늘어난다고 하자. 오전 11시에 이주한 이 박테리아들은 정오가 되면 병 하나를 꽉 채우게 되며 이제 그들의 공간과 자원은 바닥나게 된다.

이 박테리아들 가운데도 자신들의 인구 과잉 문제를 고민할 만큼 선견지명이 있는 놈이 있을까? 11시 58분까지는 그 누구도 걱정하지 않을 것이다. 이때는 고작 병의 4분의 1만 채워져 있을 뿐이니까(꽉 채워지기까지는 두 번을 더 분열해야 한다). 11시 59분이 되어도 병은 고작 반이 차 있을 뿐이다. 이때에도 콜라 병 속의 박테리아 정치인들은 다음과 같은 말들만 늘어놓는다.

"국민 여러분, 안심하십시오! 우리에겐 지금까지 사용했던 공간보다도 더 넓은 충분한 공간이 있습니다!"

그런데 만에 하나, 그들이 또 다른 콜라 병으로 이주하기로 결정했다고 하자. 운 좋게 그들은 새로운 거주지를 세 군데나 발견할 수 있었다.

그렇다면 이 박테리아 군이 자신들의 공간을 또다시 고갈시키려면 어느 정도의 시간이 걸릴까? 답은 단 2분이다.

사실, 기하급수적으로 늘어나는 것은 무엇이든지 금방 두 배가 된다. 7퍼센트의 이자율로 저축하면 10년 안에 두 배의 돈이 만들어진다. 인구 성장률이 7퍼센트이면 10년 안에 인구는 두 배로 증가한다. 처음 두 마리의 박테리아를 아담과 이브라고 하자. 최대한 낙관적으로 생각해도 50년 혹은 60년 내에 인구는 두 배가 넘게 늘어난다. 그래도 사람들은 이와 같은 일들이 급작스럽게 닥칠 것이라고 불안해하지 않는다. 그러기는커녕 자신들에게는 절대로 그런 일들이 닥쳐오지 않을 것처럼 아무 근심 걱정 없이 살아간다.

위의 이야기는 미국의 콜로라도 주립 대학의 물리학자 앨버트 바틀릿이 지수 함수가 보여주는 기하급수적 증가에 대한 이론을 토대로 사회 개혁의 필요성을 역설하면서 들려준 이야기이다. 유전자 지도까지 만들어 낼 정도로 눈부신 발전을 이룬 대 과학을 보면 우리 인간의 두뇌가 상당히 높은 수준에 도달한 것 같지만 위의 박테리아의 일화에서 보듯이 인간 사회에서 발생하는 문제에 대해 대처하는 인간의 능력에 대해서는 그리 긍정적인 답을 내리기 어려울 것 같다. 왜냐하면 우선 인간은 자신 이외에는 별 관심이 없는, 극히 자기 중심적 사고를 하는 동물이기 때문이다.

인간의 자기 중심적 한계는 수학에서도 예외가 아닌데, 수 체계에 대한 인간의 무지에서도 이를 엿볼 수가 있다. 인간이 만들어 낸 수 체계는 이미 자연수를 넘어서 0과 음수 그리고 더 나아가 유리수, 무리수뿐만 아

니라 인간의 감각으로 경험할 수 없는 허수, 사원소 등으로 한없이 확장
되어 가고 있다. 그러나 이러한 수 체계를 따라잡을 수 있을 만큼 인간의
두뇌 구조가 그리 완벽하게 갖추어져 있는 것 같지는 않다.

자연수의 특징은 어떤 자연수 다음에는 반드시 다른 자연수가, 그 앞
에 다른 자연수가 오직 하나씩 존재하고 이들의 간격은 항상 같다는 점
이다. 하버드 대학의 콜 교수는 우리가 시간을 인식하는 과정도 자연수
처럼 같은 간격을 갖는 것 같지만 실제로는 그렇지가 않다고 말하고 있
다. 우리는 어제 있었던 일을 그저께 있었던 일보다 더 또렷이 기억한다.
똑같은 시간이지만 1년이라는 시간은 각자의 인생에서 점점 하나의 단편
적인 조각으로 남겨져 시간이라는 것이 훌쩍 날아가 버린 것 같은 느낌
을 갖게 되는 것도 같은 이치이다. 두 살배기 어린아이에게 1년은 전 인
생의 반이지만, 쉰 살의 어른에게는 단지 50분의 1이라는 시간에 불과하
지 않은가?

우리 주위에서 일어나는 사건들은 자연수가 아닌 독특한 수 체계 또는
독특한 수의 패턴을 따르고 있지만 우리의 자연수적 사고방식으로는 이
를 감지하거나 이해하는 데에 상당히 어려움을 겪을 수밖에 없을 것이
다. 이 때문에 인간은 위기 상황을 맞이하면서도 이를 계속 반복해서 겪
어야 하는 비극을 태어날 때부터 운명처럼 받아들일 수밖에 없다. 그 비
극은 마치 그리스 신화에 나오는 시지프처럼, 바위를 굴려 산마루까지
운반해 올라가서는 산마루에 닿자마자 바위가 그 자체의 무게로 말미암
아 다시금 굴러 떨어지는 형벌과도 같은 것은 아닐까?

호메로스에 따르면 시지프는 인간들 가운데에서도 가장 총명하고 신중한 인간이었다고 한다. 《시지프의 신화》에서 카뮈는 신들이 시지프에게 이와 같은 형벌을 내리는 것은 아마도 무익하고 희망이 없는 노동처럼 무서운 형벌은 없어서일 거라고 말했다. 있는 힘을 다해서 거대한 바위를 들어 올리고, 굴리고 하는 일을 끝없이 되풀이하는 시지프의 형벌에서 벗어나기 위해서 인간은 결국 수학의 세계에 뛰어들어야 하지 않을까?

가우스 GAUSS

아직도 우리는 수학자들을 세상을 등진 은둔자라로 생각하고 있다. 그들은 자신들의 바깥 세계가 어떻게 돌아가는지 전혀 알지 못하면서 과상망측하고 도저히 알 수 없는 자기들만의 언어로 도대체가 이해할 수 없는 정리들을 만들어 내는 데 일생을 바치는 사람들이다.

– 에드워드 카스너 –

아무도 풀지 못한 문제

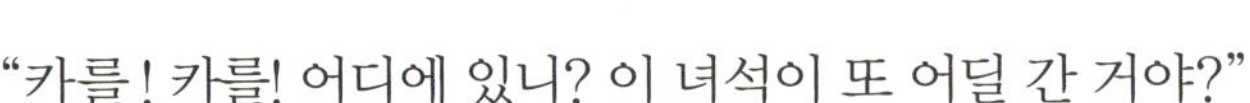

"카를! 카를! 어디에 있니? 이 녀석이 또 어딜 간 거야?"

카를을 찾는 아버지의 목소리를 듣고 주방에서 점심 준비를 하던 어머니가 밖으로 나오셨다.

"여보, 카를 못 봤소? 이 녀석이 또 어디서 뭘 하고 있는 건지 도통 보이질 않는구려."

이런 일이 한두 번이 아니라는 듯 아버지는 다소 짜증스런 목소리로 말씀하셨다.

"지금쯤 다락방에서 책을 보고 있을 거예요."

"나참. 이 녀석이 그렇게 일러두었건만……"

아버지의 미간이 잔뜩 일그러지고 있었다. 잠시 후에 벌어질 사태를 짐작한 어머니는 걱정스런 표정이었다.

"원래 자기 좋아하는 일엔 아무도 못 말리는 애잖아요. 당신이 카를을 조금만 이해해 줘요."

그러나 성미가 급하고 불같은 성격인 아버지는 참을 수 없다는 듯 화를 내기 시작했다.

"거 쓸데없는 소리 하지 말구려. 내 이 녀석을 오늘 단단히 혼을 내고야 말겠어."

잠시 후, 평온하기만 하던 다락방의 문이 세차게 열리면서 아버지가 들어오셨다.

"카를, 너 이 녀석. 여기서 뭐 하고 있는 거냐?"

호랑이 같은 아버지의 불호령이 떨어지자 카를은 안절부절 어찌 할 바를 몰랐다.

"내일까지 제출해야 하는 과제가 있어서요."

그 얘기를 듣자 아버지는 더욱더 화를 내기 시작하셨다.

"내가 몇 번을 얘기했니? 그딴 건 다 아무 짝에도 쓸모없는 거라고 하지 않았니? 공부를 하면 쌀이 나오니, 밥이 나오니? 사는 데 전혀 도움이 안 되는 것들이야."

"저는 그저 공부가 재미있어서 하는 것뿐이에요."

카를은 기어들어가는 목소리로 겨우 말했다.

"듣기 싫다. 쓸데없는 소리 그만 하고 어서 밖으로 나오너라. 오늘은 정말 할 일이 태산이란 말이다. 점심 먹기 전에 마당에 있는 벽돌들을 전부 창고에 옮겨 놓고, 오후엔 삼촌 가게에 가서 양탄자 수선하는 일을 도와주거라. 해지기 전에 끝마치려면 빨리 서둘러야 할 게다."

카를은 공부를 더 하고 싶었지만 더 이상 아무런 대꾸도 할 수 없었다. 불같은 아버지의 성격이 언제 폭발할지 몰랐다. 카를의 아버지는 제대로 된 교육을 한 번도 못 받고 자란 노동자 출신이었다. 그로 인해 공부 따위는 먹고 사는 문제를 해결해 주지 못한다고 믿는 사람이었다. 늘 자신처럼 아들이 벽돌공이나 정원사가 되기를 희망했는데, 그것만이 올바른 삶의 모습이라고 생각했기 때문이다.

"카를, 아버지가 저리도 완강하시니 어쩌겠니? 일단 아버지가 지시하신 일들을 마무리한 다음, 시간이 남거든 하고 싶은 공부를 마저 하려무나."

그나마 다행인 것은 아버지와는 달리 어머니는 공부에 대한 열정으로 가득 찬 아들의 마음을 이해했다. 교육은 받지 못했지만 어머니는 매우 온화했으며, 늘 카를에게 너그러웠다. 교육에 대한 열의도 남달라 아버지가 집을 비운 시간에는 카를의 공부를 옆에서 도와줄 정도였다.

"다녀오겠습니다."

점심을 먹은 후 삼촌이 운영하는 양탄자 가게로 향하는 카를의 목소리에는 아직도 힘이 없었다. 벽돌을 옮기는 동안에도 좀 전에 풀다 만 문제 생각 때문에 도무지 일이 손에 잡히지 않았다. 어깨를 늘어뜨리고 풀이 죽어서 가게 문을 여는 카를을 보고 삼촌이 걱정스런 표정으로 물었다.

"카를, 얼굴이 왜 그러니? 무슨 일이라도 있었니?"

"아무것도 아니에요, 삼촌."

"무슨 일이 있긴 있었구나. 얘기해 봐. 삼촌이 도움이 될 수도 있지 않겠니?"

"아버지 때문에요. 아버지는 제가 공부하는 것을 허락하지 않으세요. 내일까지 제출해야 하는 과제가 산더미처럼 많은데 하나도 하지 못했어요."

아버지에 대한 원망과 과제를 끝내지 못했다는 걱정이 뒤섞여 카를의 목소리는 울먹였다.

"또 그 문제로구나."

더 듣지 않아도 알 것 같다는 듯 삼촌은 카를의 머리를 쓰다듬으며 위로해 주었다.

"카를, 아버지를 너무 원망하지 마라. 아버지는 늘 열심히 일하시는 훌륭한 분이란다. 단지 제대로 교육을 받지 못했기 때문에 학교에 대해서는 잘 모르는 것뿐이야. 네가 학교에서 공부를 열심히 하고 좋은 성적을 거둔다면 아버지도 너를 기특하게 생각하실 거다."

그 얘기를 듣자 지금까지 땅만 쳐다보고 있던 카를이 고개를 들었다.

"정말 그렇게 생각하실까요?"

삼촌이 빙그레 웃으며 카를의 손을 잡았다.

"그럼. 그렇게 생각하시고말고. 내색을 하지 않아서 그렇지 아버지는 그 누구보다도 너를 사랑하신단다. 그러니 공부 열심히 해서 뭐든지 잘할 수 있다는 것을 아버지께 보여 드리렴. 그렇게 하면 아버지도 네가 꼭 벽돌공이나 정원사가 아닌 다른 분야의 일을 하더라도 훌륭히 해낼 수 있는 아이라고 인정해 주실 거다.”

삼촌의 얘기를 듣자 카를은 절로 힘이 났다. 금세 얼굴이 밝아져서는 팔까지 걷어붙이는 것이었다.

“삼촌, 빨리 일을 해야겠어요. 뭐부터 하면 되죠? 삼촌, 빨리요. 일찍 끝내 놓고 과제도 해야 하고 책도 읽어야 한단 말이에요.”

“허허, 이 녀석. 너무 서두르지는 마라. 허허허.”

신이 나서 일거리를 찾는 카를을 보고 삼촌은 흐뭇한 미소를 지었다. 그리고 속으로 생각했다.

‘참, 특별한 아이인데 말이야. 분명 재능을 발휘하게 될 날이 있을 거야. 분명히.’

카를의 외삼촌 프리드리히는 어머니와 마찬가지로 매우 온화하고 총명한 인물이었다. 무엇보다도 카를의 내면에 흐르는 천재적인 기질을 발견하여 어렸을 때부터 카를의 정신적 후원자 역할을 해 주었는데, 카를이 초등학교 3학년이 되던 해에 그의 예언이 현실로 드러나는 사건 하나가 벌어진다.

“내가 조용히 공부하라고 너희들한테 몇 번을 얘기했니?”

무슨 일로 화가 났는지 교실 문을 열고 들어오는 뷔트너 선생님의 표정엔 이미 짜증이 잔뜩 배어 있었다. 평소에도 다혈질로 유명한 뷔트너 선생님은 화가 날 때면 늘 아이들에게 화풀이하는 버릇이 있었다. 카를을 비롯한 그의 친구들은 일제히 고개를 숙였다. 입을 꾹 다문 채 뷔트너 선생님과 눈을 마주치지 않는 것만이 선생님을 진정시킬 수 있는 유일한 방법이라는 것쯤은 이미 터득하고 있었던 것이다.

"너희들은 도저히 말로 해서는 안 되는 녀석들이구나. 지금부터 내가 문제를 낼 테니 수업이 끝나기 전까지 풀어서 제출하도록."

이것은 뷔트너 선생님이 화가 나면 주로 쓰는 수법이었다. 쉽게 풀 수 없는 문제를 내줌으로써 아이들을 쩔쩔매게 한 다음 자신은 조금 전 자신을 화나게 한 일에 대해 생각하는 시간을 갖는 것이었다.

"1부터 100까지 모두 합한 값을 구한 후, 답안지를 교탁 위에 올려놓도록 해라. 모든 학생이 다 풀기 전까지 교실 밖으로 나갈 생각은 하지 않는 게 좋을 거야."

문제가 제시되자마자 여기저기서 한숨이 새어 나왔다.

"아, 저걸 어떻게 한 시간 만에 다 풀 수 있단 말이야."

"난 이번에도 꼴찌를 하고 말 거야. 정말 더하기 문제는 딱 질색이라구."

아이들의 푸념은 계속됐지만 뷔트너 선생님은 들은 체 만 체하며 자리에 앉아 창밖만 바라보는 것이었다.

이때 아무도 예상하지 못한 일이 일어났다. 뷔트너 선생님이 자리에 앉아 사색에 잠길 찰나 카를이 자리에서 벌떡 일어나는 것이 아닌가. 그리고 교탁 앞으로 걸어 나와 답안지를 올려놓고는 돌아가 앉는 것이었다.

"카를, 너 지금 뭐 하는 거니? 선생님한테 반항하는 거야?"

"아닙니다, 선생님. 문제를 다 풀어서 제출한 것뿐입니다."

뷔트너 선생님은 너무나 어이가 없었다. 그러나 뭔가 생각이 있는 듯 지금 당장 이 꼬마 녀석을 혼내려 하지는 않았다. 모든 학생이 다 풀고 난

후, 많은 학생들 앞에서 카를을 웃음거리로 만들려는 속셈이었다.

시간이 흘러 수업이 거의 끝나 갈 무렵 한 학생이 깊은 한숨을 내쉬며 답안지를 제출했다. 이윽고 하나 둘씩 답안지를 제출하기 시작했고, 마지막 학생이 문제를 끝마침과 동시에 뷔트너 선생님은 교탁 앞으로 걸어 나왔다.

뷔트너 선생님은 맨 위에 있는 답안지부터 차례대로 검토를 하시며 답을 확인하기 시작했다.

"틀렸어."

"어떻게 이런 답이 나올 수가 있는 거지?"

"정말 엉터리군."

대부분의 학생들이 틀린 답을 적어 놓았던 것이다. 그러나 뷔트너 선생님은 이미 예상했다는 듯 심하게 화를 내지는 않았다. 아니 어쩌면 맨 밑에 놓인 카를의 답안지를 빨리 확인하고 싶은 마음에 다른 학생들의 틀린 답에는 별로 신경 쓰지 않는 눈치였다.

드디어 마지막 한 장만이 남았다. 카를의 답안지였다. 아이들도 모두 숨을 죽인 채 선생님만 주목하고 있었다. 답안지를 들어 눈으로 확인하는 순간 뷔트너 선생님은 깜짝 놀랐다. 도저히 믿을 수가 없다는 눈치였다. 답안지에는 정확하게 5,050이라고 적혀 있었던 것이다. 뷔트너 선생님은 충격을 받았는지 아무 말도 하지 않았다. 때마침 수업이 끝나는 종이 울렸고, 선생님은 "수업 끝!"이라고만 내뱉고는 교실 밖으로 나가 버렸다.

수업이 끝난 후 카를은 삼촌 가게로 달려갔다. 학교에서 있었던 일을 제일 먼저 삼촌에게 얘기하고 싶었던 것이다. 카를의 얘기를 듣고 삼촌이 흐뭇해했음은 당연한 일이었다.

"하하, 카를. 정말 기특하구나. 뷔트너 선생님의 무안해하는 얼굴이 눈에 선하구나."

"저보다는 맨날 혼나기만 하던 친구들이 더 좋아하던걸요. 헤헤."

"뭐라구? 하하하. 어쨌든 이 사실을 아버지가 아시면 굉장히 좋아하실 거다."

"그렇겠죠? 그렇지 않아도 집에 가면 아버지께도 말씀드리려고요."

"그래, 잘 생각했다. 그런데 카를, 그 어려운 문제를 어떻게 쉽게 풀 수 있었니?"

"아, 그거요. 간단해요. 문제를 보는 순간 1하고 100을 더했더니 101

이 나오더라고요. 그 다음에 2하고 99를 더했더니 또 101이 나오지 뭐예요. 그래서 이 문제에는 나름대로 규칙이 있다는 걸 알았죠. 그래서 그렇게 끝의 수끼리 하나씩 더했더니 101이 50개가 나왔어요. 그래서 101 × 50을 했더니 5,050이란 답이 나왔어요."

"정말 대단하구나, 카를."

이 사건이 일어난 며칠 뒤, 뷔트너 선생님은 조용히 카를을 불렀다. 자신의 코를 납작하게 만든 이 꼬마 녀석의 천재성에 한편으로는 감탄했던 것이다. 선생님은 당시에 출판된 것 중 가장 좋은 수학책을 카를에게 선물로 주었다.

"카를, 선생님은 더 이상 너에게 가르칠 것이 없구나. 선물로 이 책을 줄 테니 틈틈이 공부해 보렴. 카를 정도라면 얼마든지 풀어 낼 수 있을 거야. 만약 공부하다가 어려운 점이 있다면 언제든지 이 선생님을 찾아오고."

이때부터 뷔트너 선생님은 카를을 적극적으로 후원하기 시작했다. 카를이 특별한 개인 지도를 받아야 한다고 카를의 부모님을 설득했고, 더 좋은 학교에 진학할 수 있도록 물심양면으로 지원해 주었다. 어렸을 때부터 남다른 재능을 발휘했던 카를은 온화한 성격의 어머니와 삼촌, 그리고 무섭지만 자신을 아껴 주시던 뷔트너 선생님 같은 분들 덕분에 훗날 '수학의 왕자'라는 칭호를 얻을 만큼 훌륭한 수학자로 성장할 수 있었다.

최초의 1미터

최초의 1미터는 1791년 프랑스가 정했는데, 적도에서 파리를 거쳐 북극까지의 거리를 100만으로 나눈 값이다. 1983년에 공식적으로 인정되어 현재 사용되는 1미터는 진공 상태에서 299,794,458분의 1초에 빛이 이동한 거리로 정한다. 물론 이 두 거리는 같은 값이다.

카를 프리드리히 가우스

Karl Friedrich Gauss 1777~1855년

셰익스피어의 《리어 왕》에 나오는 이 구절은 가우스가 곧잘 인용하는 것으로, 수학적 영감은 실세계에 바탕을 두고 있다는 그의 믿음을 잘 표현하고 있다.

"수학은 과학의 여왕이고, 정수론은 수학의 여왕이다."라는 유명한 말을 남긴 가우스를 수학자들은 '수학의 왕자'라고 부르는데, 이는 그가 세상을 떠난 뒤 하노버의 왕이 그에게 경의를 표하기 위해 제작한 메달에서 유래되었다. 지름 70밀리미터 정도의 작은 메달에 새겨진 '하노버의 왕 조지 5세가 수학의 왕자에게'라는 글귀에서 그의 별칭이 비롯된 것이다. 그러나 이는 단순히 한 메달 제작자의 상상에서 나온 것이 아니다. 실제로 수학사에서 가장 위대한 3대 수학자는 아르키메데스, 뉴턴, 그리고 가우스이다. 물론 가우스의 천재적인 수학적 재능은 수학사의 3대 위인으로 꼽는 데 손색이 없지만, 그가 인류의 자랑스러운 인물이 될 수 있었던 배경에는 가우스 주변에서 그를 후원해 준 사람들이 있었다. 우리는 가우스의 생애를 살펴보면서 그의 물질적, 그리고 정신적 후원자들도 만나 볼 수 있다.

가우스는 1777년 4월 30일, 독일 브라운슈바이크에서 가난한 집안의
외아들로 태어났다. 그의 부모는 가우스의 인생에서 선과 악, 밝음과 어
두움과 같이 매우 대조적인 인물로 등장한다. 그의 아버지는 벽돌공, 정
원사 등의 직업을 가졌던 육체 노동자로 매우 거칠고 난폭한 사람이라고
알려져 있다. 반면 어머니는 교육은 받지 못했지만 매우 강직한 성격의
소유자였는데 무엇보다도 깊은 애정을 가지고 가우스를 대했으며 신동
이었던 아들을 매우 자랑스러워했다. 그녀는 아들의 재능은 하느님이 내
리신 것으로 이를 실현할 수 있도록 도와주어 위대한 사람으로 만들어야
한다는 믿음과 확신을 갖고 있었다.

그러나 그녀가 그럴 수 있었던 것은 남동생, 곧 가우스의 외삼촌이었
던 프리드리히가 있었기 때문이다. 그는 일찍 돌아가신 아버지를 대신하
여 혼자서 베 짜는 기술을 배워 생계를 꾸려 갔지만 매우 총명하고 온화
한 사람이었다. 가우스의 내면에 흐르는 천재적인 기질을 발견하여 든든
한 정신적 후원자의 역할을 했던 그의 존재는 가우스의 정식 세례명인
요한 프리드리히 카를 가우스에서 엿볼 수 있다.

어린 시절 신동으로서의 일화가 가우스만큼 많이 전해 내려오는 사람
도 없을 것이다. 앞에서 소개한 이야기도 그 가운데 하나이다. "나는 말
을 할 수 있기 전부터 이미 계산하는 법을 알고 있었다."는 그 자신의 말
처럼 다음 일화도 그의 천재성을 잘 말해 주고 있다.

어느 주말, 가우스의 아버지는 자신이 감독으로 있는 현장 노동자들의

주급을 계산하고 있었다. 한참 동안 끙끙대며 계산을 마친 아버지에게 세 살밖에 안 된 어린 가우스가 "아빠, 그 계산은 틀렸어요. 이게 맞는 수예요."라고 했다. 다시 계산해 보니 글자조차 제대로 배우지 않은 어린 가우스의 말이 맞는 것이 아닌가? 어린 가우스는 혼자서 어깨너머로 글자와 계산을 깨우쳤던 것이다.

뷔트너 선생의 학교에는 가우스와의 나이 차가 일곱 살밖에 안 되는 젊은 교사가 있었다. 요한 바르텔스라는 이 청년은 뷔트너 선생의 조수 격이었지만 수학에 아주 열정적이었다. 가우스는 바르텔스와 대수와 초등 해석학 책을 구하여 함께 문제를 풀면서 우정을 쌓았는데 이들의 관계는 바르텔스가 죽을 때까지 계속되었다. 바르텔스는 가우스의 수학 동료이면서 또한 그의 수학적 천재성을 키워 줄 수 있는 든든한 후원자를 소개해 주었는데 그는 다름 아닌 브라운슈바이크의 페르디난트 공작이었다. 당시 열네 살이었던 가우스는 페르디난트 공작의 후원으로 이듬해인 1791년에 가톨릭 고등학교에 입학할 수 있게 되었으며 그는 가우스가 어려움에 처할 때마다 늘 도움을 주었다. 고등학교 시절에 가우스는 수학과 라틴어가 주 내용을 이루는 고전에 뛰어난 재능을 보였다. 가우스는 라틴어에 능통하여 고전을 읽거나 연구 논문을 쓰는 데 아무런 문제가 없었다.

1795년, 열여덟 살의 가우스는 수학을 자신의 평생 과업으로 삼기로 하고 괴팅겐 대학에 들어갔다. 페르디난트 공작의 아낌없는 지원으로 연구에만 몰두할 수 있었던 괴팅겐 대학에서의 3년은 가우스가 가장 많은 연구 업적을 이룩한 시간이었다. 수학자로서 훌륭한 평판을 쌓게 된 그는 곧이어 훌륭한 수학 도서관이 자랑거리였던 헬름슈테트 대학에 입학했다. 이 대학에서 그는 또 한 사람의 후원자인, 당시 교수 겸 도서관장이었던 요한 프리드리히 파프의 환대를 받으며 그의 집에 머물게 되었다. 가우스는 파프와 함께 저녁마다 산책을 하며 수학에 대해 많은 대화를 나누었다. 별로 많은 사람과 사귀지 않았던 가우스에게 파프는 학문의 선배로서뿐만 아니라 인간적으로도 존경하는 인물이었다. 이곳에서 그는 18세기의 마지막 해인 1799년에 박사 학위를 받았다.

19세기에 들어서면서 가우스는 수학 이외의 천문학 분야에서 자신의 뛰어난 계산 능력을 발휘하여 유럽의 유명 인사가 되는 행운을 얻었다. 그 자신의 말처럼 "작은 행성이라고 부르는 두 개의 흙덩어리"에 유혹되어 잠시 수학을 벗어났지만 그것이 그에게 높은 지위와 명성을 가져다주리라고는 생각하지 않았을 것이다.

1801년 세레스라는 새로운 행성이 발견되었다. 이 소식을 들은 가우스는 자신의 초인적인 기억력을 활용하여 오늘날의 컴퓨터로도 엄두가

세레스 Ceres 태양계에서 가장 큰 소행성으로 1801년 1월 1일 팔레르모 천문대에서 주세페 피아치가 최초로 발견했다. 로마의 농업의 여신에서 이름을 따 왔다. 지름은 약 700킬로미터이며 4.6년을 주기로 태양 주위를 공전한다.

나지 않는 엄청난 계산을 치밀하고 정교하게 해내어 그 행성이 1년 뒤 다시 어느 자리에 나타날 것이라고 정확하게 예측했다. 이 작업으로 라플라스로부터 '세계 최고의 수학자'라는 칭호를 얻게 된다.

가우스는 스물여덟 살인 1805년 요한나와 결혼하여 삶의 또 다른 행복을 맛보지만 그 행복은 오래 가지 못했다. 4년 뒤 부인을 사별하고 이듬해 재혼했지만 그의 가정 생활은 그다지 행복하지 않았던 것 같다. 또 그 무렵 오랫동안 그에게 재정적 지원을 아끼지 않았던 페르디난트 공작이 나폴레옹에 의해 비참한 죽음을 맞이했다. 아내의 죽음, 페르디난트 공작의 죽음과 독일의 패전으로 재정적 궁핍에 몰리게 되면서 원래 과묵한 성격의 가우스는 더욱더 깊은 침묵에 빠져 일종의 우울증 상태가 되었다. 이를 벗어나는 방법은 역시 수학 연구였다. 가우스는 이때부터 수학에만 몰두할 뿐 별로 말을 하지 않고 지냈다고 한다.

1807년 그는 괴팅겐 대학의 천문대장으로 임명되어 죽을 때까지 그 자리에 있었다. 노년에 정치에 뛰어드는 다른 과학자나 수학자들과 달리 가우스는 꽤나 고지식했던 인물이었다. 실제로 가우스는 말이 없고 겸손한 사람이었다. 얌전하고 낯선 사람에게는 약간의 부끄러움을 느끼는 성격, 어쩌면 이 때문에 사람들은 한번 그의 후원자가 되면 영원한 후원자로 남았는지도 모른다. 그는 어린 시절부터 죽을 때까지 늘 변함이 없었고 검소하고 단순한 삶을 살았다. 가우스의 한 친구는 그의 생활에 대해 "작은 서재, 연두색 커버를 씌운 작은 작업 책상, 하얀 탁자, 폭이 좁은 소파, 그리고 일흔 살부터는 팔걸이가 있는 의자나 갓이 있는 램프, 불기

없는 침실, 검소한 식사, 실내복, 빌로드 모자, 이것들이 그가 필요로 하는 모든 것이었고 또 그에게 잘 어울렸다."고 말했다.

검소하며 늘 변치 않는 일정한 삶의 패턴은 그의 연구에서 완벽주의로 이어진다. 그는 책을 쓸 때 결과에 도달하기 위한 분석의 모든 흔적들을 깨끗이 제거했으며, 더욱 간결하고 설득력 있게 다듬는 데 최선을 다했다. 그가 남긴 다음과 같은 말은 그의 연구 태도를 잘 말해 준다. "아무리 큰 대성당도 건축 공사장의 마지막 조각이 치워질 때까지는 대성당이라고 할 수 없다."

우리가 지금 학교에서 배우는 수학에서 이런 위대한 수학자들의 면면을 느끼는 것은 워낙 그들의 연구가 앞서 있기 때문에 힘이 들지만, 그래도 가우스의 수학은 종종 그 발자취를 찾을 수가 있다. 우선 복소수를 평

면 위의 한 점으로 표현하는 방법은 가우스가 최초로 시도한 것이다. 곧 x축을 실수축, y축을 허수축으로 하여 복소수 $z=a+bi$를 평면 위의 한 점으로 나타내는 것이다. 통계학에서 어떤 측정에서의 오차가 정규 분포한다는 가우스의 법칙과 이를 나타내는 종 모양의 정규 분포 곡선도 가우스가 발견했다.

가우스는 1855년 일흔여덟 살로 세상을 떠났다. 그가 살았던 시기의 유럽은 그야말로 혁명의 격변기였다. 그가 태어난 이듬해인 1776년에는 미국이 독립했고, 1789년에는 프랑스 혁명이 일어났으며, 1815년에는 나폴레옹이 몰락하는 등 군주 한 사람을 위해 국가가 존재하는 그런 시대는 종말을 고했고, 가우스는 자신의 생애에서 이를 목격했다. 그와 동시대인이었던 모차르트, 괴테, 헤겔 등의 천재적인 인물들은 각각 자기 분야에서 스스로의 시대적 사명을 이룩한 사람들이었다. 수학에서의 가우스도 그러했다. 항공 역학이나 다른 유체 운동론에 실제적인 응용 수학을 도입해 복소 변수의 해석 함수론, 대수학의 기본 정리에 대한 증명 등을 연구한 것은 새로운 수학의 지표를 연 혁명적인 시도였다. 무엇보다 주목할 만한 사실은 그때까지 당연하다고 생각했던 유클리드 기하학에 의심을 품고 비유클리드 기하학에 대해 심각하게 생각했던 최초의 수학자가 가우스였다는 점이다. 당시의 왕은 정치적 혁명으로 폐위당했지만 가우스는 그가 이룩한 수학에서의 이러한 혁명적인 시도들 때문에 오늘날 '수학의 왕자'라고 불리고 있다.

수학도 언어다

가우스가 천재적인 수학자가 되는 데는 그의 언어 능력이 매우 중요한 요소로 작용했다. 라틴어에 능통했던 가우스는 고전 작품들을 쉽게 읽을 수 있었고, 자신의 연구 논문을 라틴어로 발표하는 데 아무런 어려움이 없었다. 그가 뉴턴, 오일러, 라그랑주의 연구를 접할 수 있었던 것도 이 때문이었다.

가우스 이전까지 유럽에서 학문의 공용어는 라틴어였다. 영국, 프랑스, 독일, 이탈리아 등은 각각 자신들의 모국어가 있었지만 학문을 하려는 사람은 라틴어를 배워야만 했다. 라틴어를 배우지 못한 일반인들은 성경도 읽지 못했을 뿐만 아니라 학술 서적을 접할 수도 없었다. 모든 책이 라틴어로 되어 있었기 때문이다. 우리가 우리의 역사를 알려면 먼저 한자를 배워야 하고, 수학을 비롯한 다른 학문을 공부하려면 우선 영어를 익혀야만 하는 것과 같은 경우였다. 그러나 프랑스 혁명과 뒤 이은 나폴레옹의 몰락은 유럽 각국에서 민족주의의 물결을 불러일으켰다. 이제 유럽 각국은 자국어로 성경, 문학, 그리고 학술 서적을 출판하여 일반 대중들도 과거에는 접할 수 없었던 지식들을 얻을 수 있게 되었다. 이는 일반 대중들에게는 매우 바람직한 일이었지만, 다른 나라 학자의 논문을 읽으려면 그 나라의 언어에 능통하거나 또는 자국어로 번역될 때까지 기다려야 하는 불편함도 있었다. 이는 오늘날 우리가 수학을 배울 때 겪게 되는 어려움과도 연관된다. 사실 현재 우리가 접하는 거의 모든 수학 용어는 그 뿌리가 라틴어인데, 이를 영어로, 다시 일본어나 중국어로 번역한 다음 우리말로 바꾸는 몇 단계의 과정을 거친 것들이다. 예를 들어, 함수라는 용어는 영어로 'function'이다. 그 단어는 일상 속에서 별로 어려울 게 없이 흔히 쓰이는 말이다. 중국에서 함수라는 단어의 발음은 영어의 'function'과 매우 비슷한데 그들은 이것을 한자로 나타내면서도 자신들이 그 의미를 이해할 수 있게 만들었다. 일본인은 관수(關數)라고 하는데 두 수량 사이의 관계를 뜻함을 쉽게 파악할 수 있다. 그러나 우리 교과서에 등장하는 함수라는 단어는 그러한 뜻과는 무관하게 일상적으로는 아무런 의미가 없는 단어로, 무작정 외워야만 하는 대상일 뿐이다. 이처럼 우리나라 사람들이 수학을 공부할 때는 언어의 장벽을 먼저 넘어야 하는 어려움이 있다.

수학이 어렵게 생각되는 또 하나의 요인은 수학 그 자체가 하나의 언어라는 특성 때문이다. 일반적으로 수학을 다른 분야와 구별하는 가장 큰 특징으로 보편성을 들 수 있다. 수학만큼 시간과 공간을 초월하여 지구상의 모든 사람에게 다가오는 학문은 없다. 수학은 인류의 역사가 시작된 순간부터 오늘날까지 계속 존재해 왔으며 앞으로도 그럴 것이다. 뿐만 아니라 현재 이 지구상에서 수학을 가르치지 않는 학교는 없을 것이다. 아프리카의 밀림 지대에 위치한 학교든, 중앙아시아의 드넓은 광야에 천막으로 지어진 학교든, 하얀 눈과 얼음으로 덮인 알래스카에 위치한 학교든 학교가 있는 곳이면 2x+3=5라는 식과 직각삼각형에서 발견되는 피타고라스의 정리에 대해 똑같이 이야기할 것이다. 이처럼 수학은 국적을 불문하고 모든 사람이 함께 이야기할 수 있는 만국 공용어이다. 수학자들은 이 만국 공용어가 인류에게만 아니라 어쩌면 존재할지도 모르는 외계인들에게도 통할 수 있는 언어라고 생각하는 것 같다.

〈콘택트〉는 외계인과의 접촉을 소재로 한 내용의 영화로 상당한 볼거리를 제공했던 작품이다. 이 영화에서 주인공은 수학에 무지한 국회의원들에게 수학은 외계인도 알아들을 수 있는 만국 공용어라고 주장하는데, 주인공의 이 대사는 수학자들이 수학을 어떻게 생각하고 있는지를 상징적으로 보여 주고 있다. 아마도 이 글을 읽고 난 뒤에 이 영화를 보게 되면 "모든 것은 수(數)이다."고 주장했던 피타고라스나 "나는 말하는 것보다 계산하는 것을 더 먼저 배웠다."고 말했던 가우스가 연상될 것이다.

〈콘택트〉는 우리와 같은 지적 생물체가 외계에 있다는 가정 아래 이들을 탐색하려는 미국 정부의 실제 프로젝트인 SETI를 소재로 한 작품이다. 이 프로젝트를 제안하고 추진했으며 〈콘택트〉의 원작자이기도 한 칼세이건은 지능을 갖춘 외계인이 생물체로부터 발사되는 것이라고 생각할 수 있는 가장 단순한 메시지는 처음 열두 개 정도의 소수로 구성된 수열이라고 확신했다. 수학을 외계인(존재한다는 가정 아래)과의 의사소통 수단으로까지 사용할 수 있다는 그의 주장이 옳은지는 아직 검증할 수 없지만 어쨌든 수학이 현재 인류의 만국 공용어인 것만은 틀림없다.

하지만 우리에게 수학은 결코 배우기 쉬운 학문이 아니다. 사실 우리에

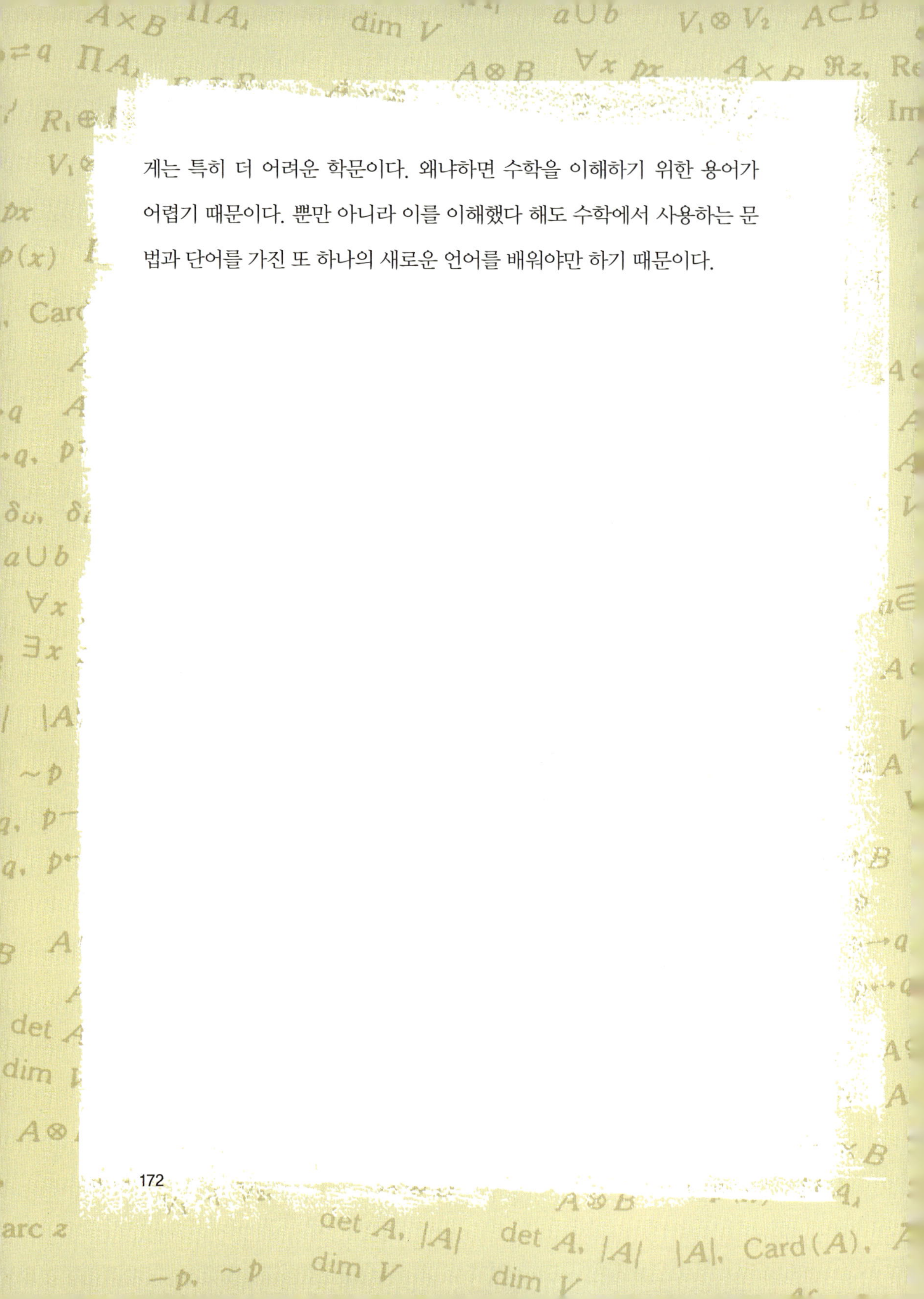

게는 특히 더 어려운 학문이다. 왜냐하면 수학을 이해하기 위한 용어가
어렵기 때문이다. 뿐만 아니라 이를 이해했다 해도 수학에서 사용하는 문
법과 단어를 가진 또 하나의 새로운 언어를 배워야만 하기 때문이다.

갈루아
Galois

그는 수학에 대한 열정에 사로잡혀 있다. 그의 부모는 그에게 차라리 다른 것은 하지 말고 오직 수학만 공부하라고 권유하는 것이 나을 것이다. 그는 이곳에서 시간만 허비하고 있으며 교사들을 괴롭히며 스스로 체벌을 감수하는 것 외에는 아무것도 하지 않는다.

– 갈루아의 담임교사가 쓴 생활기록부에서 –

스무 살에 죽으려면
용기가 필요하다

"이봐요, 코시 박사님. 지금 무슨 말씀을 하시는 거죠?"

갈루아는 너무나 흥분한 나머지 손을 부르르 떨었다.

"진정하게, 갈루아. 나도 지금 뭔가에 홀린 듯한 기분일세. 분명 어제 저녁까지만 해도 이 책상 위에 놓여 있었는데, 하룻밤 사이 감쪽같이 없어졌단 말일세."

프랑스 과학원의 심사관이었던 코시도 답답하다는 듯 한숨을 내쉬며 흥분한 갈루아를 진정시켰다.

"그게 지금 말이나 됩니까? 그 논문에 발이 달린 것도 아니고 어떻게 스스로 없어졌단 말입니까? 그 논문을 쓰느라고 몇 달 동안 잠도 제대로 못 잤는데……. 그리고 박사님만 믿고 논문뿐만 아니라 논문에 대한 해제까지 몽땅 드리지 않았습니까? 지금쯤이면 학술지에 실려 세상 사람들이 나를 주목하고 있어야 하는데 이게 무슨 황당한 일입니까?"

"자네에겐 정말 면목이 없네. 그렇지만 나도 지금 너무나 황당해서 뭐가 뭔지 알 수가 없다네. 어쩌면……."

"어쩌면요? 뭐 짚이는 것이 있습니까?"

"잠깐 기다리게나. 이봐요. 세린느, 잠깐만 이 방으로 와 줄래요?"

코시는 하녀를 불러 혹시 책상 위에 있던 논문을 못 보았는지 물어보았다.

"논문이요? 그게 논문인지는 모르겠지만, 어젯밤에 제가 청소하다가 선생님 책상 위에 어지럽혀 있던 종이들을 전부 난로에 넣어 불쏘시개로 써 버렸는데요."

코시는 어이가 없다는 듯 멍하니 갈루아를 쳐다만 보았다. 하지만 갈루아에게 미안하다는 말뿐 그는 태연했다. 그의 무성의한 태도는 "어쩔 수 없는 일이니 단념하고 이만 돌아가 보게."라고 말하는 것만 같았다. 책임을 회피하는 코시를 보고 갈루아는 너무나 화가 났다. 그러나 더 얘기해 봤자 이 무책임한 심사관에게서 사라진 자신의 논문을 되찾는 일은 불가능하다는 생각이 들었다.

'이런 빌어먹을 심사관 녀석.'

끓어오르는 분노를 속으로 삭이며 갈루아는 과학원을 빠져나왔다. 그러나 그의 머릿속은 이미 무능력과 무책임이 팽배한 프랑스 사회에 대한 불만으로 가득 차 있었다.

갈루아는 수학사에서 가장 비극적인 인물로 묘사된다. 운명의 장난처럼 이 젊은 천재의 일생을 지겹게 따라다닌 비극은 어쩌면 그가 학교라는 새로운 환경에 접하면서부터 시작된 것인지도 모른다. 갈루아는 교양 있는 지성인이었던 아버지와 법률가로 일했던 어머니 밑에서 자유분방한 유년기를 보냈다. 그의 부모님은 자유주의자로서 국민을 탄압하기 일쑤인 프랑스 왕정에 대해 신랄한 비판을 서슴지 않았다. 개방적인 부모님 밑에서 자유분방함이 몸에 밴 갈루아에게 틀에 박히고 권위적인 학교 교육이 맞을 리 없었다. 학교 생활은 마치 감옥과 같았으며, 권위적이고 나태한 선생님들은 갈루아를 건방진 문제아로 낙인찍었다. 계속되는 세상과의 엇갈린 운명의 장난은 그를 반항적인 인물로 만들었으며, 그가 18세가 되던 해에 벌어진 비극적인 사건은 더욱더 세상을 증오하게 만들었다. 당시 시장으로 재임 중이던 아버지가 보수주의자들과의 격렬한 논쟁 끝에 극심한 모욕감과 좌절감을 극복하지 못하고 자살해 버린 것이다.

'이렇게 썩어 빠진 프랑스 사회 체제 속에서는 내가 할 수 있는 일이 아무것도 없구나.'

그는 자신이 살고 있는 프랑스 사회를 저주했다. 하지만 불행한 현실 속에서도 그에게 한 줄기 빛이 되어 주었던 것이 있었다. 그것은 누구보다 탁월한 재능을 발휘했던 수학에 대한 연구였다. 아버지를 잃은 슬픔의 크기와 수학에 대한 열정의 농도는 서로 비례했던 것이다.

"드디어 증명되었다. 이 정도라면 지금부터라도 수많은 수학자들이 더 이상 헛된 노력을 기울이지 않아도 되겠지. 분명히 이 논문으로 수학 대상을 받을 수 있을 거야. 상을 받게 되면 하늘에 계신 아버지도 기뻐하시겠지?"

그는 학사원에서 주는 큰 상을 받음으로써 그동안 자신이 겪었던 불운을 보상받으려 했다. 그리고 무엇보다도 자신의 재능을 만천하에 알림으로써 자신이 뛰어난 수학자임을 인정받고 싶었다. 그러나 한번 어긋나기 시작한 그의 비극적 운명은 이번에도 그를 놓아 주지 않았다. 그의 논문을 접수한 학사원 간사가 갑자기 죽어 버리는 어처구니없는 사건이 발생한 것이다. 간사가 죽은 후 제출했던 논문을 찾아 보았지만 그 어디에서도 논문은 발견되지 않았다. 분노할 수밖에 없었던 갈루아는 결국 그러한 자신의 운명을 숙명으로 받아들이며 자신과 사회를 향해 저주했다.

'이 썩어 빠진 사회가 바뀌지 않는 한 그 어떤 것도 정당화될 수 없다.'

프랑스 사회에 대한 끝없는 증오는 결국 그를 반정부주의자로 바꿔 놓았다. 공화주의 편에 서서 낡은 정치 세력들을 비난하기 시작했고, 그동안 쌓여 있던 가슴 속 앙금은 그를 점차 과격주의자로 변모시켜 나갔다. 스무 살이 되던 해에 이미 그는 국가로부터 '위험분자'로 낙인 찍혀 있었다. 갈수록 과격한 정치 운동을 펴 나가는 갈루아를 정부는 철저하게 감시했고, 결국 그는 감옥에 수감되었다.

갈루아가 감옥에 복역하고 있을 때, 당시 프랑스 사회에 콜레라가 급속히 번져 많은 사람들이 목숨을 빼앗겼다. 이 때문에 갈루아도 복역 중에 병원으로 옮겨지게 되었으며 자연스럽게 바깥세상으로 나갈 수 있었다. 지옥 같은 감옥에서 잠시나마 벗어날 수 있었던 꿀맛 같은 행운이었지만 갈루아는 시큰둥했다. 그리고 이것이 갈루아의 인생을 송두리째 앗아갈 비극이 되리라고는 그 누구도 짐작하지 못했다.

감옥에서 잠시 풀려나온 갈루아는 세느 강변을 따라 나 있던 어느 술집에서 우연히 만난 여자와 격렬한 사랑의 감정에 빠지게 되었다. 그러나 그 감정의 소용돌이는 얼마 가지 못했다. 자신의 처지에 대해, 그리고 출신이 비천했던 그 여자에 대해 회의를 느끼며 모든 것을 정리하고 그는 다시 감옥에 수감되었다.

1832년 5월, 갈루아는 6개월간의 복역을 마치고 출소했다. 거리는 온통 푸른 새싹들로 가득했고, 향긋한 꽃향기가 갈루아의 코끝을 자극했다.

'역시 봄은 사람의 마음을 설레게 하는 계절이야. 봄이 새 생명을 움

트게 하듯이 나도 이제부터 나의 미래를 위해 새롭게 출발해야겠어.'

앞날에 대한 생각에 골몰하며 공원을 걷고 있던 갈루아에게 험상궂게 생긴 두 남자가 말을 걸어 왔다.

"네가 갈루아냐?"

"그렇소. 그런데 당신들은 누구시오?"

갈루아의 말이 끝나자마자 한 남자가 다짜고짜 갈루아의 멱살을 잡았다.

"너, 이 자식. 남의 여자를 빼앗고도 무사할 줄 알았냐?"

"왜 이러시오? 지금 무슨 소릴 하는 거요?"

"시치미 떼도 소용없어. 네놈이 내 사랑 스테파니를 빼앗았잖아. 스테파니와 함께 있는 걸 다 봤단 말이야."

"그 여잔 잠시 말동무로 알고 지냈던 것뿐이오. 지금은 연락조차 되지 않는 사이란 말이오."

"웃기지 마. 스테파니가 너를 만난 후론 나를 피하기 시작했단 말이야. 다 너 때문이야."

"보시다시피 난 이제 막 감옥에서 출소한 사람이오. 그 여자와 난 아무런 사이도 아니란 말이오."

"이 자식이 끝까지 변명만 늘어놓고 있네. 이건 남자의 자존심과 명예가 걸린 문제다. 스테파니를 차지할 수 있는 건 오직 한 사람이어야 해. 내일 아침 동이 트면 분수대 앞으로 나오너라. 거기서 너와 나, 단둘이 권총으로 결투를 하자."

남자는 결투 신청을 하며 잡고 있던 갈루아의 옷자락을 내팽개쳤다.

땅바닥에 쓰러진 갈루아가 외쳤다.

"이봐, 잠깐만. 난 이 일과는 아무 관련이 없어. 고작 여자 하나 때문에 시시껄렁한 싸움에 끼고 싶지 않다고!"

"뭐? 시시껄렁한 싸움? 너는 이 싸움이 시시할지 모르겠지만 내겐 인생이 달린 문제야. 좋아. 네놈이 내일 아침 나오든 안 나오든 상관 않겠어. 하지만 네가 이 결투를 피한다면 세상 사람들은 너를 겁쟁이라고 비웃을 거다. 네놈에게 눈곱만큼이라도 자존심과 명예가 있다면 내일 아침 분수대로 나오는 게 좋을 거다."

말을 마친 남자는 등을 돌리고 사라졌다. 갈루아는 다리에 힘이 빠져 일어날 수가 없었다. 방금 전 벌어진 상황이 도저히 믿어지지가 않았다. 그대로 땅바닥에 주저앉은 채 곰곰이 생각에 잠겼다.

'대체 이게 무슨 일인가? 아무 상관도 없는 여자 하나 때문에 목숨을 걸고 결투를 해야 하다니. 그런데 저 사람들, 어딘지 모르게 수상해. 그러고 보니 어디서 본 듯한 얼굴인데……. 지난번 집회에서 봤나? 그렇군. 어쩌면 이건 여자 하나 때문에 벌어진 일만은 아닐지도 몰라.'

뭔가 석연치 않은 상황이 정치적 음모를 짐작케 했지만, 확인할 길은 없었다. 중요한 건 내일 아침의 결투를 피할 방법이 없다는 사실이었다. 남자로서의 명예가 죽음보다도 값진 시대였기 때문에 결투를 피한다는 건 그야말로 비겁한 인간으로 평생 낙인찍히는 일이었다.

'시간이 별로 없다. 어느 것부터 해야 하지?'

갈루아의 머릿속은 점점 복잡해지기 시작했다. 그는 집으로 돌아오자마자 조급한 마음에 책상 앞에 앉았다. 그리고 편지지를 꺼내 급하게 편지를 써 내려가기 시작했다.

모든 공화주의자 동지들에게 고함……. 내가 조국 이외에 다른 어떤 것 때문에 죽더라도 애국자 여러분이나 친구 여러분은 나를 비난하지 말아 주오. 나는 염치없는 요부의 덫에 걸려 죽게 됐소. 나는 하잘것없는 싸움으로 죽을지도 모르오. 나는 한 남자로부터 도전을 받았으나 이를 거부하는 것은 불가능한 일이었소. 모든 방법을 다해 타협하고자 했지만 그것은 애초에 가능성이 없었던 일이었소. 비록 운명이 다해 죽음의 길로 들어섰지만 나는 끝까지 여러분들의 친구로 죽길 바라오.

에바리스트 갈루아 올림

공화주의자 동지들에게 편지를 쓰고 난 후, 갈루아는 한참 동안 멍하니 한 곳을 응시했다. 그곳에는 지금까지 자신이 계획했던 여러 논문들이 어지럽게 쌓여 있었다. 그 논문들을 보자 갈루아는 설움이 복받쳐 자신도 모르게 눈물이 흘러내렸다. 불우했던 자신의 삶에 대한 연민이 그토록 냉혹한 갈루아의 가슴을 뜨겁게 달군 것이다. 잠시 후 정신을 가다듬은 갈루아는 친구 슈발리에에게 편지를 쓰기 시작했다. 편지는 굉장히 긴 장문이었으며 대부분이 세상에 빛을 보지 못한 자신의 논문을 정리하는 내용이었다. 이윽고 새벽을 알리는 희미한 빛이 창가에 들어오는 것을 느낀 갈루아는 급히 다음과 같은 문장을 끝으로 편지를 마무리했다.

친구, 비록 정신없이 갈겨쓴 보잘것없는 논문들이지만, 언젠가는 이것들
이 쓸모가 있을 것이라는 사실을 누군가 발견하기를 바랄 뿐이네.

갈루아는 자신의 죽음을 예감하고 황급히 써 내려갔지만 그 많은 논문
들을 전부 정리하기에는 역부족이었다. 동이 틀 무렵, 편지를 다 쓰지 못
하고 펜을 놓을 수밖에 없었던 갈루아는 결전의 장소인 분수대로 나갔
다. 이른 아침 다시 만난 두 사람은 권총을 하나씩 들고 등을 맞댄 채 숨
을 가다듬었다. 두 사람의 눈빛엔 팽팽한 긴장감이 서려 있었다.

"자, 준비됐나? 이제 시작과 동시에 스물다섯 걸음을 걸은 후 사격하
는 거다. 누가 됐든 서로를 원망하는 일은 없도록 하세."

"좋소. 어서 시작이나 하시오."

이윽고 상대편 동료의 "시작!" 소리와 함께 두 사람은 앞을 향해 빠르게 걷기 시작했다. 하나, 둘, 셋, 넷…… 두 사람은 거의 동시에 돌아섰다. 그러나 갈루아가 방아쇠를 힘껏 당길 찰나 어느새 날아온 총알이 갈루아의 창자를 관통해 버렸다. 갈루아는 그 자리에 쓰러져 정신을 잃고 말았다. 그리고 길거리에 쓰러진 채 몇 시간이 지나서야 지나가는 행인에 의해 병원으로 옮겨졌다. 저녁 무렵, 잠시 눈을 뜬 갈루아는 침대맡에서 흐느끼고 있는 어린 동생을 보았다. 그리고 간신히 힘을 내어 동생의 두 손을 꼭 잡았다.

"울지 마라. 스무 살에 죽으려면 용기가 필요하단다."

갈루아는 어린 동생에게 이와 같은 위로의 말을 남긴 후, 이튿날 비운의 짧은 생을 마감했다.

믿을 수 없는 확률

이 지구상에 살고 있는 60억 인구 중에서 한 사람을 선택했을 때 다음과 같은 재미있는 확률이 나온다.

여자일 확률 = 0.51

글을 읽을 줄 모르는 사람일 확률 = 0.7

영양실조로 고통받는 사람일 확률 = 0.5

대학 교육을 받은 사람일 확률 = 0.01

갈루아의 생애

Evariste Galois 1811~1832년

18세기에 수학자라는 용어는 사실상 물리학자, 천문학자를 통틀어 지칭하는 단어였다. 수학자 뉴턴이 그 대표적인 예라고 할 수 있다. 오늘날의 이론물리학자들도 당시에는 수학자로 불렸다. 그러나 19세기에 접어들면서 수학은 물리학과 결별하고 그 자신만의 독자적인 위치를 확립하게 된다. 이 새로운 시기에 우리는 수학사에서 가장 비극적인 인물인 수학자를 만날 수 있는데 다름 아닌 에바리스트 갈루아이다.

어쩌면 당시의 가장 위대한 수학자로 명성을 떨칠 수 있었던 갈루아의 삶은 자신의 오기 때문이기도 하지만 그의 전 생애를 휘감고 있는 운명의 장난으로 만신창이가 되어 있었다. 그의 일생은 자신의 지식을 최고로 여기며 자만심에 사로잡혀 있는 학자, 가르침이 권위를 뒷받침하지 못하고 교사라는 지위만으로 학생을 대하는 교육자, 시대의 흐름에는 둔감하면서 기회주의적인 속성을 여지없이 드러냈던 정치인들과의 끝없는 싸움으로 이어진, 짧지만 힘들고 처절한 삶이었다. 그것은 아직 채 완성되지 않은 프랑스 혁명과도 같이 구 체제에 대한 도전과 대립의 와중에서 19세기의 새로운 세계 질서를 잉태하기 위한 시대적 아픔을 한 몸에 느끼며 살아야 했던 한 지식인의 삶이기도 했다.

그는 1811년, 파리 근교에 있는 부르라렌이라는 마을에서 태어났다. 아버지는 1815년에 나폴레옹이 엘바 섬에서 탈출한 뒤 정권을 잡았던 백일천하 동안 그 도시의 시장으로 이른바 구 세계에서의 진보적인 지식인이었다. 황제를 혐오했던 자유주의자로 자작시를 즐겨 낭독하며 사교계를 이끌던 그의 삶도 갈루아의 비극적인 삶에 분명히 영향을 끼쳤을 것이다. 어머니 아델라이드 마리 드망은 유명한 변호사 집안 출신으로 매우 강직한 성격의 소유자였던 것으로 전해진다. 열렬한 자유주의자였던 부모의 영향을 받아 갈루아의 몸 속에도 자유주의자의 피가 흐르고 있었다. 갈루아는 가족 모임에서 노래를 부르며 자작시를 읊기도 하는, 전형적인 행복한 가정에서 소년 시절을 보낼 수 있었다. 가족들은 모두 수학과 거리가 멀었기 때문에 다른 천재들처럼 어린 시절에 특별한 수학적 재능을 보였다는 이야기는 전해지지 않는다. 다만 사교성 많은 아버지 덕택에 연회에 참석하여 재롱을 떨며 사랑받는 평범한 소년이 그의 어린 시절의 모습이었다. 그러나 이렇게 행복했던 소년 시절은 1823년 루이 르 그랑 왕립중학교에 입학하면서 어긋나기 시작했다.

그 전까지 가정에서 어머니로부터 교양 교육을 받았던 갈루아가 처음으로 입학한 이 학교는 학교라기보다는 차라리 감옥이라고 표현하는 것이 나을 정도였다. 이곳에서는 학생들을 엄격하게 다루었고 조금만 잘못해도 욕설과 함께 상습적인 구타가 행해졌다. 그러나 이 강압적인 학교

도 당시 프랑스 사회에 팽배해 있던 분위기를 비켜 갈 수는 없었다. 마침
내 학생들은 예배 시간에 불참하는 집단행동을 벌였다. 학교 측에서는
주동자들을 퇴학시켰는데 갈루아는 이를 모면할 수 있었다. 그러니 이때
갈루아가 퇴학 처분을 받지 않은 것은 그에게는 차라리 불행의 전조였다.

　집단행동이 실패로 돌아가자 남은 학생들은 학교에 순종할 수밖에 없
었다. 학교 정책에는 아무런 변화가 없었지만 동료 학생들의 저항을 목
격한 어린 갈루아의 마음에는 자유와 민주라는 새로운 의식이 싹트기 시
작했다. 갈루아는 자신을 둘러싼 모든 것에 회의를 품었다. 당시 프랑스
사회 질서와 정의에서부터 자신이 받고 있는 고전 교육 모두에 대해 의
문을 제기했던 것이다. 아리스토텔레스를 답습하는 그리스 로마의 고전
들과 철학은 더 이상 흥미를 주지 못했고 그의 목마른 지식 욕구를 충족
시켜 주는 과목은 유일하게 수학뿐이었다. 이때부터 그는 마치 불을 향

해 뛰어드는 나방과도 같이 수학에 몰두했다. 프랑스 수학자 아드리앵 마리 르장드르기 쓴 기하학 책이 계기가 되었다. 이 책에 흠뻑 매료된 갈루아에게 수학은 단순한 하나의 과목이 아닌 일종의 예술로 다가왔다. 불빛을 보게 된 갈루아는 라그랑주와 같은 당대의 대수학자들의 논문에 몰두했고 그의 수학적 능력은 점점 빛을 발하게 되었다.

그가 스스로 수학 천재라는 사실을 깨닫게 된 것은 이때였다. 학교에서 가르치는 수학은 너무나도 시시했고 그 풀이 과정을 발표하라는 선생님의 말씀에 따를 수가 없었다. 연필과 종이를 사용하는 것이 너무 느렸기 때문이다. 그는 모든 계산 과정을 머릿속에서 진행할 수 있었다. 그럼에도 불구하고 학교 수업에서 그의 수학 성적은 보통이었다. 새로운 수학에 대한 그의 탐구 능력은 감옥의 간수 같기만 하던 교사들의 눈에 들어오지 않았던 것이다.

자신이 수학에 재능이 있다는 것을 자각한 갈루아는 1827년에 무모하게도 아무런 준비 없이 프랑스 최고의 수학과가 있는 에콜 폴리테크니크에 입학 시험을 치렀다. 이 학교는 프랑스의 지도자를 육성하기 위해 세계 최고 수준의 과학과 수학 교육을 실시하고 있었고, 프랑스 혁명의 새로운 분위기를 느끼기에 안성맞춤인 곳이었다. 그러나 갈루아는 떨어지고 말았다. 그는 자신의 수학적 능력을 시험관이 알아줄 것이라고 기대했지만 오히려 그 시험관은 갈루아가 대학에 들어올 자질이 없다고 판단했다. 역사가들은 시험관이 갈루아만큼 똑똑하지 못해 그의 재능을 알아보지 못했다고 기술하지만 시험 준비를 하지 않고 무작정 응시한 갈루아에게도 그 책임이 있었을 것이다. 시험 결과는 그에게 참담한 좌절감을 안겨 주었다.

이듬해 루이 르 그랑 왕립중학교에서 그는 루이 리샤르라는 새 교사의 지도 아래 대수학에 대한 공부를 계속할 수 있었다. 리샤르는 학자라기 보다는 훌륭하고 헌신적인 스승이었다. 자신의 학생들을 대학에 보내거나 정부에서 일할 수 있도록 애쓰던 리샤르는 갈루아에게서 천재적인 수학적 재능을 발견했다. 그의 권유에 따라 갈루아는 몇 편의 소논문을 과학 아카데미에 제출했다. 이 아카데미의 논문 심사에는 당시의 유명한 수학자 오귀스탱 루이 코시가 절대적인 권한을 행사하고 있었다. 코시는 그의 논문을 제출해 주겠다고 하고 무책임하게도 약속을 어겨 버렸다. 뿐만 아니라 그가 쓴 논문의 요약문도 잃어버려 어린 나이의 갈루아는 또 한 번의 극심한 좌절을 겪었다.

빗나가기 시작한 운명의 장난은 계속되었다. 1829년, 또 한 번의 에콜 폴리테크니크 입학 시험을 치렀지만 거듭 실패해 갈루아는 더 이상 시험에 응시할 자격조차 잃게 되었다. 수학자로서 성공할 가능성이 전혀 없다고 판단한 갈루아는 고등사범학교에 교사 지원생으로 등록해 사회의 모순을 개혁하기 위한 적극적인 정치 운동가로 변신했다. 그런데 그해, 고향 부르라렌의 시장이었던 갈루아의 아버지는 보수주의자들과 격렬한 논쟁을 벌이다가 극심한 모욕감과 좌절감을 극복하지 못하고 자살해 버렸다.

이와 같은 불행한 상황 속에서도 그는 대수 방정식에 관한 연구를 계속했다. 그러나 이듬해인 1830년에 과학 아카데미에 제출한 그의 두 번째 논문을 접수힌 간시가 죽어 버리는 도저히 이해할 수 없는 사건으로 갈루아는 또 한 번의 좌절을 맛보게 된다. 그는 이 논문으로 수학자라면 누구나 갈망하는 수학 대상에 도전하려고 했다. 갈루아는 자신의 논문을 심사위원이 검토하기만 하면 분명히 상을 받을 수 있을 것이라는 확신을 갖고 있었으며, 그 상을 받음으로써 그동안의 불운을 보상받으려고 했다. 그런데 간사가 갑자기 죽어 버리고 그가 죽은 뒤 갈루아의 논문은 아무 데서도 찾을 수가 없었다.

이 사건은 수학자로서의 갈루아에게 자신의 운명에 대해 숙명적인 결정을 하게 만들었다. 어쩔 수 없는 운명의 장난으로 수학자로서의 길을 갈 수 없다고 판단한 갈루아는 다른 분야에 집착하게 되었다. 갈루아는 학자로서의 명성과 영예를 강탈한 프랑스 교육 제도의 결함은 결국 대중을 핍박하는 프랑스 사회 제도의 모순에서 비롯되었다고 생각해 공화주

오귀스탱 루이 코시 Augustin-Louis Baron Cauchy 1789~1857년 프랑스의 수학자. 해석학과 치환군(한 집합의 순수 수열들을 원소로 하는 군)을 개척한 근대의 가장 위대한 수학자 중 한 사람이다.

7월 혁명 1830년 샤를 10세가 새로운 법령을 공포해 하원을 해산하고 언론의 자유를 폐지했으며 선거법을 개정해 유권자의 4분의 3이 선거권을 상실하게 되자 분노한 시민들이 항의 시위를 벌임으로써 일어났다. 이 혁명으로 샤를 10세가 물러나고 루이 필리프가 즉위했다.

의를 지지하게 되었고 마침내 과격파의 일원으로 그의 이름은 경찰의 요주의 인물 명단에 오르게 되었다. 1830년 프랑스에서 일어난 7월 혁명은 부르봉 왕가의 마지막 군주인 샤를 10세를 추방시켰다. 그러나 비록 혁명의 상징인 삼색기를 두른 시민 왕이었다 하더라도 또 다른 군주인 루이 필리프가 왕위에 오르자 공화주의자들의 희망은 사라지고 말았다.

설상가상으로 학교에서 퇴학당한 갈루아는 실업자가 되었다. 그는 수학을 가르치며 생활비를 벌어 보려 했지만 아무도 그에게 배우려 하지 않았다. 그러자 이를 포기하고 국민군 포병대에 입대하여 혁명 정치에 전력을 다했다.

1831년 5월 9일, 포병대 해산 명령에 반발하는 약 200여 명의 공화파 사람들이 모여 술자리를 벌이고 있었다. 젊은이들의 모임답게 분위기는 떠들썩했고 술이 한 번씩 돌자 몇몇 젊은 친구들이 자신들의 과업을 달성하자는 결의를 다지기 위한 건배를 제안했다.

"루이 필리프를 위하여!"

갈루아는 조롱하듯 외쳤다. 모인 사람들은 갈루아의 몸짓을 보고 왁자지껄 웃음을 터뜨렸다. 그가 정말로 왕에 대한 애정을 가지고 하는 말이 아니라는 것을 누구보다도 잘 알고 있었기 때문이다. 그런데 이에 동참하지 않고 얼굴이 굳어 버리는 몇몇 사람들이 있었다. 그들은 이 모임의 성격을 정탐하기 위해 왕정파의 비밀경찰에서 파견한 첩자들이었다. 갈루아가 일어서자 그들은 의자에 앉은 채 경직되었다. 그들의 눈은 갈루아의 왼손에 쏠렸다. 갈루아가 오른손에 와인 잔을 들고 왼손에 나이프를 꼭 쥐고 있었기 때문이다.

이튿날 아침, 갈루아가 잠에서 깨어나기도 전에 그의 집 문을 두드리는 소리가 들렸다.

"갈루아, 너를 체포한다."

"나를 체포한다고? 도대체 내가 무슨 죄를 지었다는 거야?"

"너는 왕의 생명을 위협하는 놈이야. 재판에 회부하기 전에 감옥에 있어야겠어. 자, 우리와 같이 어서 가자."

생 펠리지 감옥에 투옥되었지만 갈루아는 결국 무죄로 석방되었다. 그 모임은 해산을 슬퍼하는 단순한 모임이었으며, 그때의 나이프는 앞에 놓여 있던 닭고기를 자르려고 했던 것이라는 꾀 많은 변호사 친구의 변론으로 풀려날 수 있었던 것이다. 그러나 한 달 뒤에 그는 다시 체포되었다. 이번에는 위험한 과격파의 일원인 그를 앞으로 있을 대규모 집회에 참여

하지 못하게 하기 위한 예비 구금이었다. 그리고 6개월 동안의 감옥 생활을 끝낸 후 어이없게도 술집 작부가 빌미가 된 사소한 사건으로 비운의 생을 마감하게 된다. 짧은 생애를 살다 갔지만 그의 발견은 19세기 수학사에서 가장 뛰어난 아이디어로 인정받고 있다. 그리고 그의 이름은 오늘날 프랑스의 젊은 개혁파들뿐만 아니라 전 세계 수학자에게 널리 알려져 있다.

아카데미 상은 미국의 영화 단체인 영화 예술 과학 아카데미(Academy of Motion Picture Arts and Sciences)에서 수여하는 영화상이다. 제1회 때는 11개 부문에 상을 주었지만 현재는 작품, 주연 남우, 주연 여우, 조연 남우, 조연 여우, 감독, 각본, 촬영, 미술 감독, 음향, 편집, 특수 촬영, 음악, 의상 디자인, 단편영화, 다큐멘터리 및 각국의 영화 제작자 단체가 추천한 외국어 영화 등의 부문에서 5편 이내의 후보 작품을 선정한 뒤 본 투표를 실시해 수상작을 결정한다. 이때 투표권은 미국 영화의 제작에 직접 관여하고 있는 현역 영화인에게만 주어진다.

그런데 이렇게 각 분야의 영광을 안겨 주는 수상자 결정 절차의 뒤에 수학이 자리잡고 있다는 사실을 아는 사람은 그리 많지 않을 것이다.

어떤 복잡한 과정을 거치고, 그리고 왜 그러한 과정을 거쳐 수상을 결정하는지 작품상을 예로 들어 알아 보자. 각 부문별 수상 작품이 결정되는 과정은 다음과 같이 두 단계로 나누어진다.

1) 후보자 결정 단계:5개의 후보 작품을 결정
2) 최종 수상자 결정 단계:5편의 후보 작품에서 최종 수상작 결정

첫 번째의 후보자 결정 단계가 두 번째의 최종 작품상 결정 단계보다 복잡하기 때문에 우선 두 번째 단계를 기술하면 다음과 같다. 일단 작품상 후보로 다섯 편의 후보 작품이 올라오면 투표권을 갖고 있는 영화인들이 각자 하나의 작품을 선정하여 투표를 한다. 가장 많은 표를 얻은 작품이 최종 수상작으로 결정되는데 이는 대통령 선거나 국회의원 선거와 같다. 이 경우에 선거의 유권자들처럼 투표권을 행사하는 사람들, 곧 아카데미 회원으로 등록된 사람들이 많기 때문에(대략 4천 명에서 5천 명 가량이다.) 동점이 발생하는 경우는 거의 없는데, 만일 그런 경우가 발생하면 동점을 얻은 작품을 공동 수상작으로 발표한다.

그러나 5편의 후보 작품을 선정하는 방식은 상당히 복잡하여 수학적 계산이 필요하다. 영화 예술 아카데미 회원은 각자 선호하는 작품 다섯 편을 1번부터 5번까지 기입한 투표 용지를 제출한다. 제출된 회원 각자의 선택을 기초로 후보작이 되기 위한 최소한의 득표수를 결정하는데 이를 쿼터(Quata)라고 한다. 어떤 작품이든지 1번으로 선택된 득표수가 이 쿼터를 만족하면 자동적으로 후보작이 되는 것이다.

그렇다면 이 쿼터는 어떤 수가 될까? 5편의 후보작을 결정하기 위한 쿼터는 전체 투표수의 16.66퍼센트를 초과하고 20퍼센트 이하인 수치여야만 한다. 쿼터의 정의를 조금만 생각해 보면 이 값의 근거를 이해할 수 있을 것이다. 쿼터는 5편의 후보 작품이 결정되기 위한 최소 득표수라고 했다. 한편, 16.66퍼센트=1/6이고 20퍼센트=1/5이므로 이 값은 후보 작품을 선정할 때 결코 6편 이상의 후보 작품이 선정될 수 없게 하는 기발한 값이다. 그런데 이론상으로는 다섯 편의 작품이 즉각 쿼터를 만족하여 후보작을 간단하게 결정하는 것이 가능하지만, 실제로 이와 같은 일은 지금까지 단 한 번도 일어나지 않았다. 상영된 영화의 수가 너무 많아 단번에 쿼터를 만족시켜 자동적으로 후보작이 결정되는 사례가 발생하지 않았던 것이다.

이제 투표 과정은 또 다른 과정을 거쳐야 하는데 우선 1위로 선택된 작품들 가운데서 가장 적은 수를 얻은 작품을 탈락시킨다. 이때 이 작품을 1위로 선정한 모든 투표용지는 휴지통으로 들어가는 것이 아니라, 그 투표용지에서 1위로 선정되었던 작품의 이름을 지우고 2위로 선정되었던 작품을 1위로, 3위로 선정되었던 작품을 2위로, 4위로 선정되었던 작품을 3위로, 5위로 선정되었던 작품을 4위로 각각 한 단계씩 등급을 올린다. 다시 말하면 새로운 투표용지로 교환하는 것이다.

물론 이들 투표용지에는 5위로 선정된 작품은 빠지게 된다. 이제 1위로 선정된 작품들의 득표수를 다시 계산한다. 쿼터를 만족하는 작품이 떠오르면 작품수에 관계없이 후보작으로 결정한다. 물론 앞에서 정의한 쿼터에 의해 후보작이 다섯 편을 넘을 수는 없을 것이다.

한 편 또는 그 이상의 후보작이 결정되었지만 아직 다섯 편이 채워지지 않았다면 스릴 넘치는 액션 영화의 마지막 장면처럼 또 다른 반전이 기다린다. 후보 작품으로 결정된 작품들은 자신이 얻은 득표 중에서 쿼터를 만족하고 남은 득표수를 후보작이 되기를 기다리는(아직 탈락하지 않은) 작품에 양도하는 자비심을 베푸는 것이다.

　아카데미 상의 결정 방식은 다소 복잡하지만 나름대로 공정성을 기하기 위한 것이다. 이 과정은 아카데미 위원회에서만 실행하는 것이 아니다. 아일랜드 국회의원 선거도 이와 같은 방식으로 진행한다고 한다. 민주주의 사회에서 어떤 선거 제도를 선택하든 공정성을 기하기 위한 노력의 밑바탕에는 수학이 자리잡고 있음을 엿볼 수 있다.

라마누잔
RAMANUJAN

그는 가장 심오한 통찰력을 지녔으면서 현대 수학이 무엇인지 한 번도 들어 본 적이 없는 사람이라도 과연 현대 수학이란 어떤 것일까 하는 생각에 잠기도록 한다. 라마누잔은 일반화하는 능력과 형식에 대한 감각, 그리고 가설을 신속하게 조정하는 능력을 모두 갖추었다. 이러한 능력은 실로 놀라운 것이며, 그 자신의 독특한 분야에서 그에게 경쟁자가 없게 만들었다. 그가 지닌, 아무도 부정할 수 없는 한 가지 재능은 누구도 따라오지 못하는 독창성이다.

– 고드프리 해럴드 하디 –

무한을 이해한
유한 존재

1918년, 100만 명의 건장한 미군이 프랑스에 상륙하자 4년이라는 오랜 전쟁은 독일군의 패전으로 끝이 나고 유럽에는 평화가 찾아왔다. 피로 흠뻑 물들었던 유럽에도 오랜만에 깊은 휴식의 시간이 찾아들었고 배급제에 의한 고기 배급도 성탄절을 맞이하여 두 배로 증가하는 기쁨을 맛보게 되었다. 영국의 거리에는 가로등이 다시 빛나고 빵과 패스트리를 굽는 냄새가 마을을 가득 채워 영국인들의 얼굴에는 환한 미소가 떠올랐다.

런던에서 남동쪽으로 몇 마일 떨어진 곳에 있는 푸트니라는 작은 도시의 교외에는 템스 강이 흐르고 강의 남쪽 둑 언저리에는 큰 상자 모양의 평범한 건물이 자리잡고 있다. 이 건물의 내부는 정교한 레이스 장식이 되어 있고, 스테인드글라스로 잘 꾸며진 화려한 방들과 나선식 계단의 실내 장식은 이곳을 방문하는 사람들에게 과연 이곳이 요양원인지 의심

케 할 정도였다. 사실 이곳은 여덟 개의 침실을 갖춘 주택으로 새뮤얼 맨드빌 필립스라는 사람이 관리하는 자그마한 요양원이었다. 이 요양원의 한쪽 방에는 검은 머리에 커다란 눈을 가진 인도인 한 명이 침대에 누워 있었다.

케임브리지 대학의 수학자 하디는 이제 막 런던에 도착하여 열차에서 내리고 있었다. 케임브리지에서 런던까지는 짤막한 휴식과 혼자서 생각하는 시간을 가질 수 있는 그런대로 괜찮은 여행이었다. 하디는 푸트니로 가기 위해 택시에 올랐다. 그러나 하디는 이 택시가 무슨 사고라도 낼 것 같은 불길한 느낌을 내내 지울 수 없었는데, 왜냐하면 기사의 표정이 매우 험상궂었고 게다가 1729라는 택시 번호가 마음에 걸렸기 때문이었다.

요양원에 무사히 도착한 하디는 택시에서 내리자마자 라마누잔의 침실로 황급히 들어갔다. 중절모를 옷걸이에 대충 걸어 놓고 인사도 하는 둥 마는 둥 하며 의자를 끌어당겨 라마누잔의 곁에 앉은 하디의 얼굴은 커다란 불행을 막 치르고 나온 사람처럼 걱정과 안도의 감정이 교차하는 표정이었다.

"글쎄 말이야, 내가 타고 온 택시 번호가 1729가 아니겠어? 뭔가 심상치 않은 번호란 말이야. 제발 나쁜 징조나 아니었으면 좋겠네."

"아닙니다, 하디 선생님. 1729는 상당히 재미있는 숫자랍니다."

"짝수도 아니고 그렇다고 쉽게 볼 수 있는 흔한 숫자도 아닌데 재미있긴 뭐가 재미있나?"

"선생님, 그 수는 두 수의 세제곱의 합으로 나타낼 수 있는 가장 작은 숫자랍니다. 그것도 두 가지 방법으로 나타낼 수가 있지요."

어떤 수를 세제곱의 합으로 나타내는 일은 그리 어려운 문제가 아니다. 예를 들어 35는 2^3과 3^3의 세제곱의 합으로 나타낼 수가 있다. 즉 $2^3+3^3=35$가 성립한다. 그러면 또 다른 두 수를 세제곱하여 더한 수가 35일 수 있을까? 그럴 수는 없다. 모든 정수에 대하여 일일이 세제곱하여 점검해 보아도 결과는 마찬가지이다. 이와 같이 세제곱의 합으로 어떤 수를 나타낼 수 있는 방법이 두 가지인 수는 1729가 처음이고 그보다 작은 수에서는 결코 성립하지 않는다.

즉 $1729=12^3+1^3=10^3+9^3$이 성립한다.

라마누잔은 1729라는 수에서 어떻게 그 사실을 곧바로 발견할 수가 있었을까? 사람들은 라마누잔이 1729의 특성을 한눈에 꿰뚫어 볼 수 있을 정도로 특별한 재주가 있는 기이한 사람으로 이야기하고 있지만 그런 것은 아니다. 그는 이미 몇 해 전에 이 수의 사소한 특성을 발견하여 이를 자신의 노트에 기록해 두었는데 1729라는 수의 특이한 성질 때문에 하디와의 대화에서 기억해 낼 수 있었던 것이다.

물론 라마누잔의 수학적 사고는 서양인의 눈으로 볼 때 신비주의적인 요소가 강해서 잘 이해하지 못하는 경우도 있다. 다음과 같은 일화는 이를 잘 보여 주는 예이다. 영국의 대중 잡지인 《스트랜드(Strand)》에는 '어려운 문제들(perplexities)'이라는 제목의 오래된 고정란이 있었는데 흥미를 유발하는 제목을 붙인 퍼즐과 수수께끼를 출제하고 그 정답은 다음 호에 게재했다. 제1차 세계 대전을 일으킨 독일군은 그해 8월에 벨기에의 중세 도시였던 루뱅을 불태워 버렸다. 루뱅 전역에서 발생한 화재는 25만 권의 서적과 중세의 필사본을 소장한 유서 깊은 도서관을 파괴했을 뿐만 아니라 수많은 시민의 목숨을 앗아갔다. 세계를 공포의 도가니로 몰아넣은 루뱅에서의 방화로 인해 독일에 대항하자는 전 세계적인 공감대가 형성되었으며 프랑스, 러시아, 영국의 연합군이 만들어지게 되었다. 영국의 신문들은 '야만인들의 행진'이라는 제목의 기사를 싣고 독일을 맹렬하게 비난했다. 결국 루뱅이라는 도시의 파괴는 20세기 문명 세계의 몰락을 상징하는 사건이 되었으며 그 사건이 잡지 《스트랜드》의 '어려운 문제들'에까지 실렸던 것이다.

12월호가 나온 지 얼마 지나지 않은 어느 일요일, 캘커타의 부유하고 전통 있는 집안 출신인 스물두 살의 인도인 청년 마할라노비스는 고국에서 왔다는 수학 천재 라마누잔의 방으로 가고 있었다. 그는 처음 이 방에 왔던 날을 아직도 기억하고 있었다.

그날 마마 자국이 남아 있는 통통한 얼굴의 라마누잔은 쌀쌀한 케임브리지의 날씨에 오들오들 떨고 있었다. 그런 라마누잔을 보고 마할라노비스가 물었다.

"밤에 따뜻하니?"

"아니."

사시사철 항상 따뜻한 기후였던 인도의 마드라스에서 온 라마누잔은 오버코트를 입은 채 그 위에 숄을 둘러쓰고 잠을 청하곤 했다. 그 말을 들은 마할라노비스는 담요가 부족한가 보다 생각하며 난로 반대편의 조그만 침실로 가 살펴보았다. 라마누잔이 이제 막 일어난 듯 침대 커버가 늘어져 있었지만, 담요는 흐트러진 흔적이 없었고 그 끝자락도 매트리스 밑으로 꼼꼼하게 접혀 있었다.

역시 그랬던 것이다. 담요는 충분했다. 다만 라마누잔이 침대를 사용할 줄 몰랐을 뿐이다. 부드러운 눈빛으로 라마누잔을 바라보며 마할라노비스는 담요를 벗겨 몸이 들어갈 만한 작은 공간을 만들고 그 안에서 어떻게 자는지 보여 주었다. 이때부터 라마누잔과 마할라노비스는 곧바로 친구가 되었으며 일요일 아침마다 식사를 함께 하며 인생과 철학과 수학에 대해 이야기를 나누고 긴 산책을 했다.

그날도 라마누잔의 방 식탁에 앉아 있던 마할라노비스는 《스트랜드》지를 보고 있었다. 라마누잔은 작은 뒷방에서 요리를 하고 있었는데 마할라노비스는 잡지에 난 문제에 흥미를 느끼고 친구에게 얘기했다.

"이 문제 참 재미있군. 읽어 줄 테니 한번 풀어 볼래?"

그는 옆방에 있는 라마누잔에게 커다란 소리로 외쳤다.

"무슨 문제인데?"

냄비에 담긴 야채를 저으며 라마누잔이 물었다. 마할라노비스가 문제를 읽기 시작했다.

여관 난롯가에 둘러앉은 마을 사람들에게 윌리엄 로저가 말했다. "며칠 전 어떤 신사에게 독일군이 폐허로 만든 루뱅이란 곳에 대하여 이야기를 하고 있었지요. 그는 그곳에 사는 벨기에 친구를 방문하곤 해서 그곳을 잘 안다고 합니다. 그 친구의 집은 긴 거리에 있었는데, 그의 집 이쪽부터 1, 2, 3, …… 이런 식으로 번지가 매겨져 있다는군요. 그런데 그 집 이쪽의 번지수를 다 합하면 다른 쪽 번지수 전부와 꼭 같답니다. 재미있지 않습니까? 그가 알기로는 그곳 길에는 500채 이상의 집이 있었다고 합니다. 그러나 500채가 넘을 정도는 아니랍니다. 이 문제를 동료에게 말했더니, 그는 연필을 집어들고 벨기에 사람이 살던 집의 번지수를 계산해 냈습니다. 그런데 난 그가 어떻게 그 값을 계산해 냈는지 알 수가 없어요. 아마 독자 여러분들도 그 집 번지수를 알고 싶을 것입니다."

몇 번의 시행착오를 통해 마할라노비스는 몇 분 만에 답을 알아냈다. 라마누잔도 답을 생각해 냈지만 매우 복잡한 답이었다.

"자, 풀이를 받아 적어 줘."

라마누잔이 말했다. 그리고는 분모가 어떤 수와 분수의 합이고, 다시 그 분수의 분모는 어떤 수와 분수의 합이며, 이와 같은 식이 무한히 계속되는 연분수를 받아쓰게 했다. 이것은 그 문제의 풀이만이 아니었다. 그 퍼즐이 암시하고 있는 문제 전체에 대한 풀이였다. 말한 대로의 문제에는 288채의 집이 있는 거리에 204번지라는 하나의 답만 있는 것이다.

곧 $1+2+3+\cdots\cdots+203=205+206+\cdots\cdots288$이 성립한다.

그러나 50채 이상 500채 이하라는 조건이 없다면 다른 답도 있을 수 있다. 예를 들어 여덟 채의 집이 있는 거리에서는 6번지가 답이 될 수도 있다. 왜냐하면 왼쪽의 $1+2+3+4+5$와 오른쪽의 $7+8$이 같기 때문이다. 라마누잔의 연분수는 모든 정답을 단 하나의 식으로 나타낸 것이었다.

깜짝 놀란 마할라노비스는 라마누잔에게 답을 어떻게 구했느냐고 물었다.

"그냥 문제를 듣고 연분수가 답이라고 생각했지. 그리고 어떤 연분수일까 하고 생각했어. 그러자 답이 머릿속에 떠올랐어."

답이 머릿속에 떠오르다니, 그게 바로 누구도 흉내낼 수 없는 라마누잔만의 독특한 수학적 사고 방식이었다. 하지만 그것은 그의 수학적 발전을 가로막는 걸림돌이기도 했다. 이를테면 그는 자동차의 엔진을 지배하는 물리적, 화학적 원리를 설명하지 못하면서도 그것이 어떻게 작동하는지를 아는 자동차 기술자와도 같았다. 왜 그런지 설명할 수 없더라도 때로는 어떤 장면이 다른 장면 앞에 나와야 한다거나 뒤에 나와서는 안 된다는 것만으로도 수학을 안다고 할 수 있다. 그러나 논리적 사고로 무장한 수학자들에게 이러한 태도는 용납되지 않는다. 어떤 것이 참이라는 것을 생각해 본다든지, 가정한다든지, 주장하는 것만으로 만족할 수 없는 사람들이 수학자들이다. 이와 같은 태도는 다음과 같은 하디의 주장에서 분명하게 알 수가 있다.

"참인 것이 인정되고 규칙에 따라 정리된 일련의 명제들, 곧 변환된 명제들이 나타내는 패턴의 절정으로서의 결론을 보여 주어야만 수학이라 할 수 있다."

증명은 단순히 케이크 위에 얹어 놓은 크림이 아니다. 다음과 같은 정수의 수열을 보자. 31, 331, 3331, 33331, 333331, 3333331…… 이들은 각각 소수이다. 이 수열에서 다음에 나오는 수도 소수이다. 어떤 숨겨진 패턴을 이들에게서 발견할 수 있을까? 얼핏 보아 그럴 수 있을 것 같지만 사실은 발견할 수 없다. 이러한 패턴은 뒤에 나오는 17과 19607843의 곱 333333331에서 스스로 깨지고 말기 때문이다.

또 다른 예를 들어 보자. $2^{2^n}+1$의 형태를 갖는 수는 어떤 수들인가?

$n=1, 2, 3, 4$에 대하여 이 수들은 모두 소수이다. 모든 n에 대하여 그런가? 페르마는 그렇게 추측했지만 그의 추측은 틀렸다. 왜냐하면 오일러는 바로 다음의 수에서 $2^{2^5}+1=641\times6700417$이므로 소수가 아님을

발견했기 때문이다.

라마누잔은 직관에 의존하는 수학자로 엄격한 증명을 추구하는 정통 수학자와는 거리가 멀었다. 라마누잔을 잘 알고 있던 하디는 그에 대해 다음과 같이 말했다.

"그는 매우 고집이 셌고 결코 정통 수학자가 될 수 없었다. 그러나 그는 여전히 수학을 배우고 게다가 탁월하게 잘 해냈다. 체계적으로 그를 가르치는 것은 불가능했지만, 그는 새로운 관점을 잘 받아들였다. 특히 증명의 의미를 알게 되어 과거의 틀에서 벗어난 이후에 보여 준 그의 논문은 잘 교육받은 수학자의 논문처럼 읽을 수 있었다."

가장 큰 소수

지금까지 알려진 가장 큰 소수는 1999년 1월에 발견된 $2^{6972593}-1$로 네얀 히지란트왈랴, 조지 울트만, 스콧 쿠로스키 이 세 사람이 합동으로 일반 컴퓨터로 3주 동안의 작업 끝에 얻은 수이다.

라마누잔의 생애

Srinivasa Ramanujan 1887~1920년

1887년 겨을, 라마누잔은 남인도의 에로데에서 브라만 계급의 가난한 집안에서 태어났다. 그의 어린 시절은 가난과 질병으로 얼룩져 있다. 그의 세 동생도 태어난 지 얼마 안 되어 죽었고 훨씬 뒤에 태어난 동생 둘만 살아남았는데, 이 때문에 라마누잔은 마치 외아들처럼 자랐다. 일곱 살 때 나병으로 고생하던 할아버지가 돌아가실 때까지 그는 가려움과 병 간호의 소란스러움에서 벗어날 수가 없었다. 어린 시절의 그는 매우 극단적이고 예민하고 고집이 센 아이였다. 유아 때에는 사원에서만 음식을 먹으려 했고, 집에 있는 놋쇠 그릇을 몽땅 벽에 한 줄로 늘어놓고, 먹을 것을 주지 않으면 바닥에서 뒹굴기도 했다고 한다.

한나라도 더 알기!

브라만 Brahman 인도의 힌두교에서 사회적 위치를 나타내는 네 계급 가운데 가장 높은 계급. 많은 특권과 높은 교육 수준 등으로 현재까지도 인도 내에서 여러 가지 혜택을 누리고 있다.

　그의 어머니 코말라타말은 모자 관계를 뛰어넘어 다른 사람에게는 매우 비정상으로까지 보일 정도로 라마누잔에게 집착했다. 학교에 다니기 시작하자 그의 어머니는 아들을 매일 학교까지 바래다주었으며 라마누잔은 등교하기 전에 존경과 축복을 확인하는 인도의 전통적인 표시로 어머니의 발을 만지곤 했다. 그녀는 아들의 친구와 일상생활의 시간표까지 관리했으며, 학교에서 정당한 대우를 받지 못한다고 생각하면 교장실로 달려가 항의했다. 물론 결혼 적령기에 배우자를 찾아 결혼 준비를 하는 것도 그녀의 몫이었다.

　학교에서 아주 우수한 성적을 거두었고 이성적이고 논리적인 수학의 세계에서도 최정상에 올랐지만 그의 내면에 숨겨진 직감적이고 비이성적인 기질은 서양인들이 도저히 이해할 수 없는 것이었다. 이는 신비적인 인도 문화와 함께 어머니의 종교적 열정과도 관련이 있었을 것이다. 어머니는 가끔 외할머니와 함께 최면 상태의 몽환적 경지에 빠지곤 했는데, 그때 최면 상태에서 나마기리라는 여신과 대화를 나누었다고 한다. 한번은 나마기리가 환상으로 외할머니에게 나타나 마을 학교 교사가 연루된 살인 사건을 예언해 주었던 적도 있었다. 라마누잔 역시 한평생 나마기리의 이름을 읊조리며 여신의 은총을 기원하고 위안을 청했다. "나의 수학적 재능은 나마기리의 은총이며 그녀가 입에 방정식을 써 주고 그녀가 꿈 속에서 수학적 통찰력을 준다."고 말할 정도였다.

　라마누잔이 성장하고 교육받은 남인도는 현대화의 물결 속에 역동적으로 바쁘게 움직이는, 마치 개척 시대의 미국 서부와도 같은 대도시 캘

커타나 봄베이가 있는 북인도와는 달리 영적 감수성과 보이지 않는 존재에 대한 깊은 경외감이 강하게 지배하는 지방이다. 그곳에서 지내노라면 어떤 여행자라도 종교적 감정이 생활의 모든 부분에 완벽하게 녹아 흐름을 느낄 수 있게 된다.

라마누잔 자신도 신에 의지하며 자란 사람이었다. 그는 대부분의 인생을 우리가 미신이라고 여길 수도 있는 여신에게서 조언을 구했고 여신을 의지하고 받들며 살았다.

대학에 입학하기 전 해인 1903년, 열여섯 살의 라마누잔은 그의 집에서 함께 지내던 대학생으로부터 얻은 책을 읽고 수학이라는 새로운 세계에 빠져들었다. 《순수수학과 응용수학의 기초 결과에 대한 개요》라는 긴 제목의 이 수학 책에는 5천 개 정도의 방정식을 정리하거나 공식, 기하학적 도표, 그 밖의 수학적 사실들이 주제별로 나열되어 대수, 삼각법, 미적분학, 해석기하학, 미분방정식 등 19세기 후반에 알려진 많은 수학적 내용이 단 두 권에 집약되어 있었다. 이 책을 탐독한 라마누잔은 이듬해 쿰바코남 대학에 입학했는데 그 대학은 '남인도의 케임브리지'라고 불릴 정도로 훌륭한 대학이었다. 그러나 수학 이외에는 아무것도 잘 하는 것이 없었던 라마누잔은 졸업을 하지 못하고 방황을 거듭하다가 이듬해인 1905년에 최초의 가출을 한다. 행방불명된 아들을 찾기 위해 가족들은 신문 광고까지 내는 법석을 떨었는데 라마누잔은 한 달 뒤에 쿰바코남의 부모에게로 돌아왔다. 쿰바코남 대학에서 실패를 맛본 그는 1년 뒤 마드라스 대학에 재도전하지만 결과는 마찬가지였다.

당시 야망에 불타는 젊은 인도인들 가운데 그저 게으르고 직업도 없이 기회만을 엿보는 교육받은 젊은이들이 있었는데 1908년의 라마누잔도 바로 그와 같은 인물이었다. 학위도 없었고 돈을 벌기 위해 수학 가정교사를 하려 했지만 자리를 구할 수도 없었다. 1904년에서 1909년까지 5년 동안 라마누잔은 학위도 없고 직장도 없고 수학자들과의 교류도 없이 빈둥거리며 지냈지만 수학에 대한 연구는 계속했다. 그에게 있어 수와 수들 사이의 수학적 관계는 우주가 맞물려 있는 체계에 대한 실마리를 던져 주는 것이었다. 그는 "방정식이 신에 대한 생각을 표현하지 않는다면 나에게는 아무런 의미가 없다."고 말했다.

이제 라마누잔은 장학금을 타거나 수학자가 되기보다는 직업을 구해 새로운 삶을 찾아야 했다. 그의 한 친구는 당시 그의 모습을 다음과 같이 회상했다.

"그는 자신의 비참한 삶을 슬퍼했다. 값진 재능을 부여받았으나 괴로워하지 말고 알아줄 때까지 기다려야 한다고 위로하면, 그는 갈릴레오 같은 위인도 종교재판에서 죽었듯이 가난 속에서 죽는 것이 자기 운명이라고 대답하곤 했다. 나는 신은 위대하므로 틀림없이 도와줄 테니 슬퍼하거나 낙담해서는 안 된다고 계속 위로했다."

결국 라마누잔은 1912년에 마드라스에 있는 트러스트 항구의 회계원으로 취직하고 결혼하여 어머니를 모시고 살게 되었다. 하지만 수학에 대한 열정은 계속되어 이튿날 6시까지 밤을 새워 공부하고, 직장에 출근하기 전 두세 시간 짬을 내어 눈을 붙이는 적이 한두 번이 아니었다. 이러한 라마누잔의 생활이 알려지면서 트러스트 항구 주변에서는 그가 뭔가 특별한 재능을 타고 났다는 소문이 났다. 그리고 많은 사람들이 이런 충고를 했다.

"인도에서는 자네를 온전하게 이해해 줄 사람이 없네. 여기서는 자네에게 필요한 전문적인 의견을 나누고 지원해 줄 사람을 찾을 수 없으니, 케임브리지나 유럽의 다른 곳에 갈 수 있도록 도와달라는 편지를 하게."

그리하여 1913년 1월 16일, 라마누잔은 서른다섯 살의 나이에 영국 수학계의 큰 대들보로 자리잡은 케임브리지의 수학자 하디에게 편지를 보낸다.

선생님께

제 소개를 하겠습니다. 저는 25루피를 받으며 마드라스에 있는 트러스트 항 사무소 회계과에서 근무하고 있는 23세의 사무원입니다. 대학에 다니지는 않았습니다만 고등학교 과정까지는 마쳤습니다. 고등학교를 졸업한 뒤 틈틈이 수학을 공부했습니다. 통상적인 대학의 정규 과정을 밟지는 않았지만, 스스로 새로운 길을 개척하려고 노력하고 있습니다. 일반적으로 발산하는 급수에 대하여 특별히 연구했으며, 제가 얻은 결과를 이 지역 수학자들은 놀라운 것이라고 말하고 있습니다. 동봉한 논문을 모두 읽어 주셨으면 합니다. 보잘것없습니다만, 조그마한 가치라도 있다고 생각하신다면 저의 정리를 출판하고 싶습니다. 실제 연구 내용이나 제가 얻은 식을 보내 드리지는 않았지만, 제가 진행한 과정들은 말씀드렸습니다.

미숙합니다만, 어떤 충고라도 제게는 매우 귀한 것이 될 것입니다. 수고

를 끼쳐 드려 죄송합니다.

라마누잔 올림

하디로부터 도와주겠다는 내용이 담긴 답장이 왔다. 당시 영국에서 옥스퍼드와 케임브리지를 제외한다면 아무것도 남지 않을 것이라는 말은 결코 과장이 아니었다. 1904년에 1천여 명의 저명한 영국인을 대상으로 조사한 바에 의하면, 그중 절반 정도가 대학을 다녔고 그 가운데 74퍼센트가 이 두 대학 출신이었다. 1913년 1월, 남인도 마드라스에서 날아온 라마누잔의 편지를 읽고 하디는 그를 영국으로 초청해야겠다고 결심했다. 그러나 쉽지 않은 일이었다. 라마누잔이 독실한 힌두교도였기 때문이다. 정통 힌두교 사람에게 유럽이나 미국으로의 여행은 일종의 불길함을 의미했다. 그런 행위는 종교적 연결 고리를 버린다든지, 육식을 한다든지, 과부와 결혼하는 것과 같은 것으로 여겨졌다. 그리고 전통적으로 카스트에서 배척되는 결과를 낳았다. 그런 행위는 친구나 친척이 집에 오지 않는다는 의미이기도 했다. 아이를 위해 결혼 상대자를 구할 수도 없었고 결혼한 딸이 파문당할 위험을 각오하지 않고서는 집에 찾아올 수도 없으며 때로는 사찰에도 들어갈 수 없었다. 가족의 장례를 치르기 위해 카스트 신분을 지닌 친구에게 도움을 청할 수도 없었다. 곧 버림받은 사람이 되는 것이다. 그런데 기적이 일어났다. 그것은 어머니의 꿈 속에

서였다.

꿈에서 어머니는 유럽인들에 둘러싸인 라마누잔을 생생하게 보았다. 그리고 나마기리 여신의 말을 들었다. 여신은 그녀에게 그녀의 아들과 아들 인생의 목표를 가로막지 말라는 명령을 내렸다.

이렇게 기적적으로, 그리고 신비스러운 일련의 사건 속에서 라마누잔은 영국으로 향하는 배에 오를 수 있었다. 이제 라마누잔은 하디와 케임브리지에서 함께 지내게 되었다. 이들은 매일매일 만났으며 우편으로는 설명할 수 없었던, 인도에서 발견한 방법들을 그에게 마음 놓고 보여 줄 수 있게 되었다.

라마누잔만이 가지고 있는 독특한 직관은 물론 당시의 어떤 수학자들보다 뛰어났지만 그것만으로는 충분치 않았다. 그의 직관은 자신의 느낌이 정확한지 또는 오류가 있는지 가릴 수 있는 수학적 지식의 부족으로 드러나지 않는 경우가 많았다. 그런 면에서 하디와 함께 있을 수 있었다는 사실은 라마누잔에게, 아니 세계 수학계에 더할 나위 없는 행운이었다.

그러나 영국에서 라마누잔은 외국인이었다. 그렇다고 그가 영국의 관습과 문화에 적응하기 위해 적극적인 자세를 취할 사람도 아니었다. 오히려 그들과 멀리 떨어져 있으려 했다. 고집 세고 제멋대로인 그는 철저하게 자기 나라의 풍습과 산물을 지키려 했다. 그는 확고부동하게 채식주의자로 지냈다. 방 안에는 인도 신의 포스터를 붙여 놓고 매일 아침 까다로운 브라만의 아침 의식을 행했다. 의식을 위해 새롭고 깨끗한 도티를 두르고, 이마에 카스트 표시를 하고 예배를 드린 다음 그것을 닦아 냈다. 이 때문에 영국인들은 라마누잔이 외국인이라는 사실을 결코 잊을 수 없었다. 영국의 음침한 기후도 그에게 한없는 고독을 안겨 주었다. 특히 겨울이면 기숙사가 감옥처럼 느껴졌다. 겨울의 추위, 어두운 거리, 전쟁의 분위기가 전달하는 우울함, 이 모든 것을 감당하는 일이 라마누잔에게는 육체적으로나 정신적으로 무척 힘들었다.

1917년, 극도로 쇠약해진 라마누잔은 작은 요양원에 입원했다. 초기진단은 위궤양이었지만 그는 폐결핵을 앓고 있었다. 육체뿐만 아니라 정신적으로도 그는 정상이 아니었다. 1918년 초 어느 날, 런던의 한 역에서 라마누잔은 다가오는 기차를 향해 철로에 뛰어들었다. 역무원이 그를 보고 스위치를 당겨 기차는 기적적으로 바로 앞에서 멈추었다. 라마누잔은 정강이에 깊은 상처를 입고 피를 흘렸지만 생명에는 지장이 없었다. 전쟁이 끝나던 그해 라마누잔은 그리운 고향 인도로 돌아갈 준비를 하기 시작했다.

1919년, 고향으로 돌아온 라마누잔은 다른 사람처럼 보였다. 그의 친구는 당시 그의 모습을 이렇게 전했다.

"유쾌하며 붙임성 좋고 다정했던 과거의 라마누잔이 아니라, 가깝게 우정을 나누던 친구인 나를 만났을 때에도 라마누잔은 매우 음울하고 차갑게 변해 있었다. 그는 예전의 성격이 아니었다. 말조차 겨우 할 수 있었다. 병이 라마누잔을 까다롭게 만들었다."

그의 종교적 성향은 사태를 더욱 악화시켰다. 아주 오래전에 그는 자신이 서른다섯 살이 되기 전에 죽을 것이라는 예언을 들은 적이 있었다. 우연하게도 라마누잔은 서른세 살의 젊은 나이로 죽음의 강을 건너고 있었다. 마지막 몇 달 동안 그는 그동안 잘 해 주지 못했던 아내 자나키에게 몰두했다.

"그는 한결같이 다정했습니다. 그이의 이야기에는 재치와 유머가 가득했어요."

그의 아내는 그가 대영 박물관이라든지, 동물원, 영국인들에게 자신이 만든 음식을 대접했던 일 등 영국에 관한 이야기를 열심히 들려주었다고 했다.

1920년 4월 20일 이른 아침 그는 의식을 잃었다. 오후 1시경 습하고 추운 영국의 기후와 음식에 적응하지 못해 얻었던 결핵과의 오랜 투쟁 끝에 말라 버린 그의 육신은 불꽃으로 산화되었다.

그로부터 16년이 지난 1936년, 미국 하버드 대학 설립 300주년 기념 대축제에서 예순이 다 된 하디는 다음과 같이 기념 강연을 시작했다.

"저는 이번 강연에서 저 자신에게 하나의 과제를 정했습니다. 그것은 최근의 수학사에서 가장 낭만적인 인물에 대한 정당한 평가를, 전에는 결코 참되게 하지 않았으므로 저 자신이 먼저 해야 하고, 그리고 여러분이 할 수 있도록 도와주는 일입니다. 그는 역설과 모순으로 가득 찬 경력을 가진 사람이며, 우리가 서로를 판단하는 데 익숙해 있는 모든 규범에 도전했던 사람입니다. 그에 관해 우리 모두는 아마 단 한 가지 결론에 도달하게 될 것입니다. 라마누잔은 대단히 위대한 수학자였다는 것입니다."

그리고 계속해서 라마누잔에 대한 그의 추억을 이어 갔다.

왜 노벨 수학상은 없을까?

노벨 상에는 수학 분야에 대한 상이 없다. 이를 두고 수학자들은 여러 이야기들을 늘어놓는데, 다음과 같은 이야기가 수학 세계에서는 정설로 되어 있다. 스웨덴 수학자인 미타그 레플러(Mittag-Leffler)가 알프레드 노벨의 아내를 유혹하여 함께 도망쳤다는 것이다. 그래서 나중에 노벨은 이에 대한 복수로 노벨 상에 수학을 포함시키지 않았다는 설이다. 그러나 노벨은 결혼한 사실이 없다. 하워드 이브즈(Howard Eves)라는 저명한 수학사학자가 쓴 책에도 이 이야기가 등장하는데, 여기에는 미타그 레플러가 노벨과 사이가 매우 좋지 않았던 것으로 되어 있다. 당시 스웨덴에서 손꼽히는 수학자였던 레플러가 자신이 제정한 상을 받을 것을 두려워했던 노벨이 결국 수학 분야를 제외시켰다는 이야기가 그의 책에 기록되어 있는데 지금도 수학자들은 이것이 사실이라고 믿고 있다.

그러나 1985년 어떤 잡지에 게재된 기사에서 밝혀진 바에 따르면 레플러와 노벨은 서로 잘 아는 사이가 아니었다고 한다. 1865년에 노벨은 다른 나라로 이민을 떠났는데, 당시 레플러는 학생이었고 그 뒤 노벨은 스웨덴으로 돌아오지 않았다. 기사는 "이 이야기가 의미하는 바는 노벨 자신이 노벨 상에서 수학 분야를 전혀 고려하지 않았다는 것이며 이는 그에게 극히 자연스러운 일이었다."는 주장으로 끝을 맺고 있다. 1895년에 노벨이 남긴 유언장에 따르면, 재단기금에서 수상할 분야로 물리학·화학·의학·문학, 그리고 평화 부문의 다섯 개 상을 정했는데, 이 가운데 네 분야는 노벨이 관심을 갖고 있던 것이었고 예외적인 분야는 의학상이었다. 여섯 번째 노벨 상으로 1969년 경제학 분야가 추가되었고, 일곱 번째 분야로 당시 컴퓨터와 통계학, 그리고 응용 수학의 발달에 힘입어 자연스럽게 수학이 거론되었다. 그러나 수학 분야에는 노벨 상에 버금가는 필드 상이 있어 이 분야의 노벨 상은 제정되지 않았다.

그렇다면 왜 이와 같이 근거없는 이야기가 전해 내려오고 있을까? 여기에는 수학자들도 인간이라는 점을 부각하고자 하는 갸륵한 뜻과 함께 모든 것을 단순화하려는 수학자들의 의도가 깔려 있다.

이와 비슷한 이야기로 가우스의 어린 시절에 관한 일화가 있다. 전해 내려오는 이야기에 따르면 초등학교에 다니던 가우스는 1부터 100까지의 합을 구하는 문제를 등차수열의 합의 공식을 발견하여 풀었다고 한다. 그렇지만 실제로 가우스에게 주어진 문제는 그보다 더 복잡한 것으로, 예를 들어 $81297 + 81495 + 81693 + \cdots\cdots + 100899$와 같은 문제였다. 그 뒤 이 일화는 각색되어 1부터 100까지의 합을 구하는 단순한 문제로 바뀌게 된 것이다.

수학적 사실을 왜곡하는 것보다 차라리 역사적 사실을 왜곡하는 것이 더 낫다고 생각하는 수학자들의 특성을 노벨 상에 얽혀 있는 일화를 통해 알 수 있다.

에르디시
Erdos

현실로부터 도피하는 수단 중에서 수학이야말로 그 으뜸이다. 그것은 점점 더 중독성을 띠면서 환상의 세계가 된다. 그 이유는 우리가 도피하려는 바로 그 현실 세계를 개선하기 위해 되돌아오도록 하기 때문이다. 다른 모든 도피 수단들은 모두 수학과 비교하면 덧없을 뿐이다. 이 세계는 자신이 창조해 낸 법칙에 따라 움직이도록 하는 힘을 갖고 있기 때문에 이를 성취하면 수학자들은 승리감을 만끽한다.

- 지안카를로 로타 -

세상을 떠돌아다닌
방랑 수학자

요란스런 전화벨 소리가 울린 것은 아마도 동트기 한 시간 전쯤이었을 것이다. 이상하게도 수학자들은 별로 시간과 관련이 없다. 외국인 특유의 억양을 가진 퉁명스러운 목소리가 수화기에서 흘러나왔다.

"여기는 베를린이오. 에르디시와 통화하고 싶습니다."

"지금 여기 안 계신데요."

"어디에 있소?"

"잘 모르겠습니다."

"왜 몰라요?"

찰칵!

전 세계 수학자들은 곤히 잠들어 있다가 그런 전화 때문에 잠을 설치곤 했는데, 이는 폴 에르디시의 방문 때문에 벌어지는 수많은 혼란의 시

작에 불과하다. 이런 전화가 오고 나서 대엿새 동안은 전화의 횟수가 점점 잦아지다가 급기야 공항으로 불러내는 전화에서 그 절정에 달한다. 키도 작고 바짝 마른 에르디시가 구깃구깃한 낡은 옷을 걸치고 자신의 전 재산인 온갖 증명과 논문들로 빽빽한 작은 가방 두 개를 꼭 움켜쥔 모습으로 나타나는 것이다. 이 천재 수학자가 비행기에서 내려 환영 나온 수학자들에게 처음 던지는 말은 "내 머리는 열려 있다! (My brain is open!)"이다.

수(數)는 우리가 태어나서 가지게 되는 최초의 장난감이다. 이는 인지심리학자들도 밝힌 바 있는데 유아의 두뇌는 '선천적으로 전선과 같이 얽혀 있어서 간단한 수 계산을 할 수 있다'고 한다. 태어난 지 몇 주일밖에 안 된 어린 아기도 어떤 상황에서 물체의 개수가 둘에서 셋으로 바뀌는지 주목해서 본다. 그리고 5개월이 지나면 단순한 계산을 할 줄 알게 된다. 뿐만 아니라 아주 어린 아이들도 '무엇보다 크다.' '무엇보다는 작다.'라는 수학적 개념들을 본능적으로 안다고 한다.

폴 에르디시가 네 살 때의 일이다. 태어나서 지금까지 살아온 날을 초로 계산하면 얼마나 되는가라는 문제의 답을 순식간에 구하는 폴의 수학적 재능에 감탄한 한 사람이 이번에는 아주 뜻밖의 문제를 던졌다.

"100에서 250을 빼면 얼마지?"

잠시 조용하던 폴은 순식간에 환상적인 새로운 공간에 묻혀 버렸다. 그리고 답을 찾아 내자 기쁜 나머지 다음과 같이 외쳤다.

"0 밑으로 150!"

아직까지 그 누구도 이 아이에게 음수를 가르쳐 주지 않았는데도 혼자서 터득한 것이다. 이 천재는 자연수를 거울에 비쳤을 때처럼 대응되는 또 다른 수의 무리가 존재한다는 사실을 추론해 낸 셈이다.

만일 좀 더 앞선 시대에 이런 말을 했다면 아무도 이를 믿지 않았을 것이다. 사실 음수는 수천 년 동안 철학자들과 수학자들이 치열한 토론과 다툼을 벌이던 개념이다. 음수가 처음 소개되었을 때 사람들은 말도 안 되는 소리라고 비웃었다. −3개의 사과라니? 하지만 이제는 온도를 비롯하여 은행 잔고가 음이라는 것이 무슨 뜻인지 통하게 되었다.

폴 에르디시는 우리 시대의 천재 수학자였다. 평생 집도 가족도 없이 수학 문제를 찾아 전 세계를 떠돌아다닌 그를 우리는 '현대 수학의 방랑자'라고 부른다. 그는 늘 이런 말로 사람들에게 자신의 세계를 알리곤 했다.

"수가 아름답지 않다면 도대체 아름다운 것이 무엇인지 난 정말 모르겠소."

그의 말대로 수의 세계는 한번 매료되면 도저히 빠져나오지 못하는 어떤 중독성이 있다. 그리고 어떤 이들은 에르디시처럼 평생을 수와 사랑에 빠져 살다가 죽기도 한다.

IQ를 둘러싼 논쟁

IQ가 높은 사람은 정말 공부를 잘하는가? 캐롤린 버드라는 심리학자는 평범한 초등학교 학생들의 담임을 맡고 있는 한 교사에게 이들의 IQ는 모두 상위권이라고 알려 주었다. 1년이 지난 후 이 학생들의 학업 성적은 다른 학급과는 비교가 안 될 정도로 높은 결과를 얻었다. 이 사실에서 그녀는 학생들의 학업 성취를 결정하는 것은 그들의 IQ가 아니라 그들을 가르치는 교사의 기대 수준이라는 결론을 내렸다.

에르디시의 생애

Paul Erdos 1913~1996년

1996년 9월 24일, 미국의 일간지 《뉴욕 타임스》는 "정상에 서 있던
나그네 수학자 83세로 서거하다."라는 제목으로 한 수학자의 사망 소식
을 전했다. 다음은 그 기사의 일부분이다.

수학에만 헌신하면서 직업도 가족도 없이 이곳저곳을 떠돌아다니던 전
설적인 수학자 폴 에르디시 박사가 폴란드의 바르샤바에서 지난 금요일
사망했다. 그의 나이는 83세였다. 가까운 친구이며 헝가리 과학학술원
의 수학자인 미키 시미노비츠 박사가 이번 주말에 보내온 전자우편에
따르면 사인은 심장마비였다. 에르디시는 사망 당시 바르샤바에서 열리
고 있던 수학 학회에 참석 중이었다고 한다. 이 소식은 전 세계 수학자
들에게 충격을 안겨 주고 있다.

지나 콜라타

한 수학자의 사망 소식이 일간지의 기사가 되는 것은 그리 흔한 일이

아니다. 속세와는 거리를 둔 수학이라는 세계에 속한, 이 기사의 주인공인 폴 에르디시는 가우스나 파스칼 등 옛날의 전설적인 수학자들처럼 천재였음에 틀림없다.

천재 수학자 에르디시는 유대인으로 1913년 헝가리에서 태어났다. 참으로 이상한 것은 에르디시와 같은 시대에 태어난 헝가리 유대인 가운데는 20세기를 건설하는 데 아이디어와 창의력을 제공했던 과학자와 수학자들이 많았다는 사실이다. 연쇄반응이 어떻게 원자력을 방출하는가를 최초로 인식한 레오 실라드(1898~1964), 컴퓨터와 게임 이론의 창시자 존 폰 노이만(1903~1957), 수소폭탄의 아버지 에드워드 텔러(1908~2003), 초음속 비행기의 아버지 테오도르 폰 카르만(1881~1963), 방사능 추적으로 노벨 상을 수상한 게오르게 드 헤비시(1885~1966), 양자역학의 기초를 탐구하여 노벨 상을 수상한 유진 위그너(1902~1995) 등이 모두 헝가리 태생의 유대인들이다.

수학, 과학 이외의 다른 분야에서 탁월한 재능을 보여 주었던 헝가리 유대인들도 많았다. 지휘자 게오르크 솔티(1912~1997), 프리츠 라이너(1888~1963), 유진 올만디(1899년~1985), 작곡자 벨라 바르토크(1881~1945), 졸탄 코달리(1882~1967) 등은 음악에서 활동했고, 시카고 디자인 학교를 설립한 라슬로 모홀리 나기(1895~1946)는 시각 예술을 주도했다. 할리우드에서는 더 많은 헝가리 출신 유대인들이 활약하고 있었다. 영화의 거장 윌리엄 폭스(1879~1952)와 〈카사블랑카〉의 제작자 미카엘 쿠르티스(1888~1962) 등이다.

어떻게 특정한 시기에 한 나라에서 이렇게 많은 천재들이 한꺼번에 쏟아져 나올 수 있었을까? 어떤 이론물리학자는 이들이 모두 화성에서 온 사람들이라고 농담 삼아 말하곤 했다. 이를 전해 들은 에르디시의 친구인 앤드루 바조니는 이 외계인 이론을 다음과 같이 각색하여 들려주었다.

"20세기가 시작되면서 외계인들이 이 지구에 착륙했지. 그들은 헝가리 여인들이 가장 아름답다고 생각하고는 인간의 모습으로 탈바꿈했어. 그 후 몇 년이 지나 그들은 이 지구가 식민지로 삼을 만한 가치가 없다고 판단하고 지구를 떠났지. 그들이 떠나고 얼마 지나지 않아 한 무리의 천재들이 태어나게 되는데……."

어렸을 때부터 수학에서 천재적 기질을 발휘했던 에르디시는 스무 살이 되던 해에 정수론에서 유명한 '체비셰프의 정리'에 대하여 증명했다. 체비셰프의 정리란 1보다 큰 임의의 수와 그의 배수 사이에는 적어도 하나의 소수가 존재한다는 내용이다. 예를 들어 5와 그의 배수 10 사이에는 7이라는 소수가 있으며, 3과 그의 배수 6 사이에는 5라는 소수가 존재한다는 정리이다. 이 정리를 에르디시는 매우 간결하게 증명하여 수학의 아름다움이 어떤 것인지를 보여 주었다.

인류 역사상 폴 에르디시 같은 수학자는 지금까지 없었다고 한다. 그는 20세기 최고의 수학자들 가운데 한 사람으로 20세기의 위대한 수학자와 과학자 10명을 꼽으라고 하면 아마도 아인슈타인과 어깨를 나란히 할 것이다.

그의 수학 연구는 모든 분야에 걸쳐 있었지만 주로 정수론에 집중되어 있었다. 그는 "100년 이상 풀지 못한 수학 문제가 있다면 그 가운데 80~90퍼센트는 정수론의 문제일 것이다."라고 했다. 에르디시는 정수론 문제만 해결한 것이 아니라 정수론을 비롯한 다른 여러 분야들에서 어려운 문제를 제기하고 해결했으며 컴퓨터 과학의 기초가 되는 이산수학 분야를 창안하기도 했다. 또한 그는 가장 많은 연구를 발표한 수학자로 그의 이름이 붙어 있는 논문이 1,500편 이상이나 된다. 그래서 수학 세계에서 경외감을 갖고 부르는 이름인 18세기의 위대한 수학자 오일러에 비유하여 에르디시를 '우리 시대의 오일러'라고 부르기도 한다.

체비셰프 Chebychev 1821~1894년. 러시아의 대수학자, 해석학자, 확률론의 권위자. 임의의 수와 그 수의 배수 사이에는 적어도 하나의 소수가 언제나 존재한다는 베르트랑의 가설을 증명했다. 이것이 바로 '체비셰프의 정리'다.

에르디시 때문에 수학자들은 특이한 번호를 하나씩 부여받았다. 수학자들은 자신들과 에르디시와의 관계를 말해 주는 '에르디시의 수'를 커다란 자랑으로 여긴다. 누군가가 에르디시와 함께 논문을 발표했다면 그 사람은 1이라는 에르디시의 수를 갖는다. 에르디시와 공동 연구를 했던 사람과 함께 발표를 했다면, 그는 에르디시의 수 2를 갖게 되는데, 이 수는 이런 식으로 계속된다.

최근에 마지막으로 행한 계산에 따르면 에르디시에게는 458명의 공동 연구자가 있다고 한다. 아직도 에르디시와 함께 시작했던 문제들을 연구하는 수학자가 많기 때문에 에르디시의 이름이 들어 있는 또 다른 논문들이 그의 사망 이후에도 50~100편 가량 더 출판될 것이다.

20세기의 천재적인 수학자였지만, 아인슈타인에 비하면 그는 매우 험난한 삶을 살았다. 1938년, 제2차 세계 대전이라는 전쟁의 소용돌이가 몰아치기 직전 점점 심해지는 유대인에 대한 탄압을 견디지 못한 에르디시는 미국으로 건너가 아인슈타인과 함께 프린스턴 고등학문연구소에서 연구에 몰두할 수 있게 되었다. 그러나 이것도 잠시뿐, 연구소의 연구원 계약 기간이 만료된 뒤에는 동전 한 푼 없이 친구들이 얻어 주는 빚으로 1940년 초까지 생활해야만 했다. 그리고 1년 동안 펜실베이니아 대학의 연구원으로 지낸 뒤로는 여기저기를 정처없이 떠도는 방랑 생활을 했다. 게다가 1950년대 미국에 불어닥친 이른바 매카시즘의 희생자가 된 그는 미국을 떠나 한동안 세계 각국을 정처없이 떠도는 방랑자 신세가 되었다.

에르디시는 가진 것도 없이 세상을 떠돌아다녔던 수학자였다. 그의 모습을 볼 수 있는 사진 가운데서 가장 인상 깊은 사진은 양말과 샌들을 신고 가냘프게 웅크려 앉아 있는 모습을 찍은 것이다. 사실 그는 살아가면서 일어나는 시시콜콜한 일상적인 일, 예를 들어 살 집을 마련하거나 차를 운전하고 세금을 내는 일, 또는 식료품을 사고 은행에 가서 예금을 하거나 돈을 찾는 일 등을 전혀 할 줄 몰랐다. 그는 재산이라는 것은 성가신 거라고 생각했다.

그는 오직 수학에만 전념하면서 반쯤 비어 있는 가방을 들고 수학자들과 함께 지내며 수학을 할 수 있는 곳을 찾아 전 세계를 두루 여행했다. 그의 동료 수학자들이 그를 돌보아 주었고 돈을 빌려주었으며 먹을 것과 옷가지를 사 주었고 세금까지 내 주었다. 그는 그에 대한 보답으로 자신의 아이디어와 해결해야 될 문제들, 그리고 이를 공략하는 훌륭한 해결 방법들을 제시해 주었다.

그러한 사람들 가운데 그레이엄이라는 수학자가 있었다. 1963년, 현재 AT&T 실험실로 알려진 벨 연구소의 수석 과학자로 근무하게 된 그레이엄은 미국 콜로라도 주의 덴버에서 처음으로 에르디시와 만났다. 이 모임은 미국이 처음으로 에르디시에게 미국에 재입국할 수 있는 비자를

매카시즘 매카시는 미국의 상원의원으로 1950년대 초 미국 정부의 고위직에 공산주의자들이 침투해 체제 전복을 꾀하고 있다는 근거 없는 고발을 해 미국 전역을 떠들썩하게 만들었다.

내준 뒤, 그가 참석한 최초의 모임이었다. 에르디시의 진면목을 알게 된 그레이엄은 그 뒤에 에르디시의 재정을 관리했다. 그는 에르디시가 필요할 때 언제나 머물면서 온갖 일을 할 수 있도록 자신의 집에 '에르디시의 방'을 마련했다. 에르디시는 수학학회의 강연회에서 벌어들인 돈을 학생들을 돕거나 자신이 제기한 문제를 해결하는 사람에게 상금으로 주는 데 대부분 써 버렸기 때문에 그가 사망했을 때 그의 수중에는 2만 5천 달러만 남아 있었다. 그레이엄은 어떻게 이 돈을 쓸 것인가에 대해 다른 수학자들과 함께 의논할 계획이라고 한다.

다른 많은 수학자들처럼 에르디시도 수학적 진리는 창조되는 것이 아니고 발견되는 것이라고 믿었다. 그는 이를 하느님은 자신만이 볼 수 있는 위대한 교과서를 가지고 있는데, 이 책에는 모든 수학 문제의 가장 우아한 증명들이 수록되어 있다고 말했다. 그는 그 책을 힐끗이라도 훔쳐볼 수만 있다면 그 내용을 알아낼 수 있을 것이라고 농담 삼아 말하곤 했다.

에르디시는 죽음도 수학적으로 맞이했다. 그는 오일러의 죽음에 대해 즐겨 이야기했다.

"오일러는 죽을 때 쓰러지면서 옆에 있는 석판에다가 나는 죽는다라고 썼지. 언젠가 내가 이 얘기를 했더니 누군가가 '오일러의 또 다른 추론이 증명되었군.' 하고 말하더군."

그는 살아 생전에 자신은 신발을 신은 채 죽을 것이라고 말하곤 했다. 그의 임종을 지켜본 수학자 그레이엄은 다음과 같이 전했다.

"그는 신발을 신은 채 수학 문제와 씨름하다 세상을 떠났습니다. 그가 바라던 방식이었죠."

수학은 발견하는 것인가, 아니면 창조하는 것인가에 대한 논쟁은 수학자들에게 있어 매우 흥미있는 주제 가운데 하나이다. 그런데 대부분의 수학자들은 수학은 창조하는 것이 아니라 발견하는 것으로 믿고 있다. 물론 인간은 수를 창조했다. 1, 2, 3, ……과 같은 자연수, 0과 음의 정수, 2/3, 1/5 등의 유리수, $\sqrt{2}$, π, …… 등의 무리수, 그리고 허수 등은 모두 사람이 만든 것이다. 그러나 이들 모두는 인류의 언어와 마찬가지로 사람들이 서로의 의사소통을 원활하게 하기 위해서 고안한 도구이지 수학 그 자체의 내용은 아니다. 어쩌면 우리가 몰랐을 뿐 처음부터 어딘가에 존재하고 있었을 것이다. 이에 대해 에르디시는 다음과 같이 말했다.

"하느님은 모든 정리와 이에 대한 가장 훌륭한 증명을 담은, 한계를 초월한 교과서를 가지고 있다. 그가 이 책에 담긴 내용을 우리에게 비밀로 하고 있다는 점에서 우리는 그의 잔인함을 엿볼 수 있다. …… 그가 감추어 놓은 교과서의 내용을 재현하기 위해서 우리 수학자들은 지성과 직관을 총동원해야만 한다. ……그러므로 인생의 목적은 교과서의 내용을 증명하고 추측하는 것으로 하느님과 내기를 하는 것이다. ……비록 그 내기에서 인간은 항상 질 수밖에 없지만 말이다."

에르디시가 네 살밖에 안 되었을 때 음수 개념을 직관적으로 파악한 것은 이를 보여 주는 하나의 좋은 예이다. 인류는 셈을 하는 과정에서 그야말로 자연스럽게 자연수를 터득했을 것이다. 그 뒤 17세기까지 인류의 역사에서 존재하지 않았던 음수 개념을 에르디시는 태어난 지 단 4년 만에 발견한 것이다. 그러한 수학적 발견에 대한 또 하나의 예를 아담르라는 유명한 수학자의 고백에서 엿볼 수 있다. 그는 "소수의 개수는 무한하다."는 명제를 증명할 때 자신이 겪었던 내면의 경험을 다음과 같이 담담하게 진술했다.

먼저 소수의 개수는 무한이 아니라 유한이라고 하여 가장 큰 소수, 구체적으로 예를 들어 13이라는 수를 선택한다. 그리고 이 수보다 더 큰 소수가 있음을 보이려 한다. 13까지 앞에 있는 모든 소수, 즉 2, 3, 5, 7, 11, 13을 나열해 본다. 그러자 이들을 묶는 커다란 한 덩어리의 수가 나의 심적 영상 저편에서 떠오르는 것을 느낄 수가 있다. 이 커다란 덩어리의 수를 구체적으로 나타내기 위해 이들을 모두 곱한 수, 곧 $2 \times 3 \times 5 \times 7 \times 11 \times 13$을 생각해 본다. 이 수가 어떤 값을 갖는지 정확한 계산을 할 필요는 없다. 이 수가 어떤 값인지는 모르지만 어쨌든 그저 하나의 수이기 때문에 이를 숫자 P라고 하자. 그러면 이 수는 앞에 있던 수들과 비교할 때 매우 큰 수이므로 가장 큰 소수였던 13보다 훨씬 더 멀리 떨어져 있을 것이다. 이제 또 다른 하나의 수를 생각해 본다. P에다 1을 더한 새로운 P+1을 정한다. 이 수는 지금까지 있던 모든 소수, 곧 2, 3, 5, 7, 11, 13으로 나누어도 항상 나머지가 1이다. 곧 P+1은 소수이다. 따라서 처음에 가정했던 13이라는 소수보다 더 큰 소수를 발견하게 되었다.

그렇다면 무엇인가 잘못되었다. 즉 모순이다. 왜 그럴까? 처음에 가장 큰 소수(여기서는 13)가 있다고 했던 것부터 잘못되었던 것이다. 이러한 모순은 처음에 그런 소수를 13이 아닌 어떤 수로 정해도 항상 발생한다. 그러므로 13과 같은 가장 큰 소수는 존재할 수가 없다. 따라서 소수의 개수는 무한이다.

수학을 하다 보면 한참 동안 풀리지 않던 문제가 어느 날 갑자기 섬광처럼 뇌리를 스치는 직관에 의해 헝클어져 있던 모든 것이 제자리를 찾아가는 걸 발견할 수 있다. 자신이 해결한 답을 보면서 그 전까지 왜 이런 생각이 떠오르지 않았을까 하는 경험을 한 번쯤은 가져 보았을 것이다. 이러한 사실에서 우리는 수학이란 창조하는 것이라기보다는 발견하는 것이라는 주장에 더 무게를 줄 수밖에 없다. 끙끙대며 문제를 풀 때에는 바로 그 자리에 반드시 있어야만 하는 것을 보지 못하고 있다가 어느 순간 제대로 된 반듯한 구조를 발견하게 되었다는 설명이 더 설득력 있지 않을까?

헤이스케
Heiske

수학자들은 화가나 시인들처럼 아름다운 심성을 가져야만 한다. 수학적 아이디어는 색채나 시어처럼 서로 조화롭게 어울려야 한다. 수학에서 아름다움은 필수적인 요소이다. 보기 흉한 수학이 설 곳은 이 세상 어디에도 없다.

– 고드프리 해럴드 하디 –

집념의 수학자

"헤이스케, 어디 있니? 이놈이 또 어디 틀어박혀 있는 거야?"

이불장 속에 숨어서 손전등으로 불을 밝히며 책을 보고 있던 헤이스케는 가슴이 철렁 내려앉았다. 학교에서 돌아온 지 얼마 안 되어 아버지 눈에 띌까 봐 살금살금 조그만 책상을 들고 이불장에 들어가 공부를 하던 중이었다. 그러나 아버지의 고함 소리를 듣고도 모른 척할 수는 없지 않은가? 하던 공부를 미루고 헤이스케는 아버지에게 달려가지 않을 수 없었다.

"아버지, 부르셨어요?"

"어, 마침 있었구나. 그래 나와 같이 밭에 나가자. 그런데 뭘 하고 있었던 거야? 수업 마친 지가 언젠데, 통 볼 수가 있어야지."

"예, 저……학교 공부 좀 하느라고요."

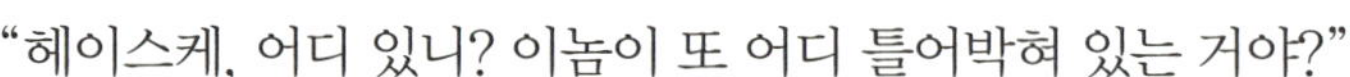

"쓸데없이 공부는 무슨 공부냐? 공부해 봐야 득 되는 것은 하나도 없다. 불필요한 일에 시간을 낭비해서는 안 된다고 말했잖니?"

"예, 아버지 하신 말씀은 잊지 않고 있습니다. 그렇지만 저는 꼭 대학에 들어가고 싶어요."

"대학은 무슨 대학. 대학은 공부를 열심히 안 해도 합격할 수 있는 똑똑한 사람만이 가는 곳이다. 죽어라고 입시 공부해서 겨우 대학에 갈 수 있는 사람들은 아예 갈 필요가 없어."

"……."

"자, 이 거름통이나 들고 어서 밭에 나가자."

결국 헤이스케의 아버지는 대학 입시 일주일 전까지 아들에게 거름통을 들려 밭일을 나가게 했다.

이 모든 것은 전쟁 때문이었다. 1945년 일본의 패전과 더불어 헤이스케의 집안도 급속도로 몰락하는 신세가 되고 말았다. 전쟁 중이었지만 헤이스케는 남부럽지 않은 호화스러운 생활을 즐겼기에 집안의 몰락은 엄청난 충격이었다.

전쟁 중에도 헤이스케의 어머니는 보통 사람이 감히 엄두도 내지 못하는 우유를 매일 점심 시간마다 학교로 가져와 아이들의 부러움을 샀다. 집에는 오르간도 있어 헤이스케는 다른 친구들이 꿈도 꾸지 못하는 피아노 연주자가 되리라는 희망을 가질 수도 있었다. 그러나 전쟁이 막바지로 치달으며 일본의 패전이 거의 확실해지자 영원할 것 같았던 그의 집안의 부귀영화도 순식간에 막을 내리게 되었다. 아버지가 소유하고 있던 남만주 철도와 대만제당의 주식은 말 그대로 휴지 조각이 되고 말았으며 한때 50명의 직원들이 하루 종일 기계를 움직였던 직물 공장도 원료 수입의 중단으로 문을 닫았다. 엎친 데 덮친 격으로 1946년 이른바 농지 개혁이라는 제도가 시행되면서 아버지가 소유하고 있던 3,500평 정도의 농토는 거의 공짜나 다름없는 3,500엔 정도의 돈에 강제로 매각 처분되었다. 그러나 이때 받은 돈도 곧이어 불어 닥친 엔화 절하로 그의 집안은 그야말로 무일푼 신세가 되고 말았다.

교토 대학에 가까스로 입학한 헤이스케는 책을 살 돈이 없었기 때문에

필드 상 캐나다 토론토 대학의 수학 교수였던 필드의 이름을 따 만들었다. 이 상은 4년마다 열리는 국제수학자 회의에서 선정한 것으로 40세 미만의 수학자에게 주어진다.

방학이 되면 교수의 책을 빌려 고향에 돌아가서 대학 노트에 옮겨 적었고, 대학 모자를 살 돈으로 책을 샀고 친구들과 바다로 놀러 가서도 다른 사람들은 수영복을 입고 있었지만 혼자서 훈도시 차림으로 지냈다. 헤이스케는 대학과 대학원을 다니는 7년 동안 1.5평짜리 조그만 방 한 칸에서 하숙을 하며 사과 상자를 책상으로 사용해 가며 공부했다. 그리고 마침내 모든 어려움을 이기고 끈기 하나로 버티면서 수학의 노벨 상이라고 하는 필드 상을 수상하는 인간 승리를 이루어 냈다.

250만 년을 사는 방법

15명이 한 줄로 나란히 서는 데 1분이 걸린다고 하자. 서로 다른 방법으로 각각 한 줄씩 서는 데는 모두 2,487,965년이 걸린다.

헤이스케의 생애

廣中平祐 1931~

학문의 길을 선택한 뒤 발견과 창조를 가장 가치있는 것으로 생각한 그는 만주사변이 일어나던 해인 1931년에 유우마치라는 온화한 해변가의 작은 마을에서 태어났다. 그의 아버지는 매우 생활력이 강한 사람으로 자수성가하여 큰 부자가 되었지만 일본이 패전하자 모든 것을 잃는 불운을 맞이했다. 그러나 언제 그랬냐는 듯이 허름한 옷을 입고 행상을 시작했다. 그는 어제까지 주인 나리라고 자신을 불렀던 사람들을 집집마다 찾아다니며 머리를 숙이고 싸구려 직물을 파는 강인한 성격의 소유자였다. 헤이스케의 끈기와 집념은 자기 스스로의 힘으로 먹고 사는 것만큼 이 세상에서 소중하고 강한 것은 없다는 생활 철학을 가진 아버지에게서 물려받은 성품이었을 것이다.

한편 그의 어머니도 아버지처럼 학문과는 거리가 먼 사람이었다. 재혼이었던 헤이스케의 부모는 모두 열다섯 명의 자녀를 두었는데 이 많은 자녀를 기르기 위해서 그의 어머니는 어쩔 수 없이 아이들에게 자유방임

적이 될 수밖에 없었다. 그러나 헤이스케가 어머니에게서 배운 가장 큰 교훈은 무엇을 생각하든지 생각하는 그 자체가 뜻있고 가치 있다는 사실이었다.

"물속에서는 왜 손이 가벼워지나요?"

"목소리는 어떻게 나오지요?"

"작은 눈으로 어떻게 큰 집이나 경치를 볼 수 있나요?"

어린 헤이스케가 아무리 많은 질문을 던져도 어머니는 자신이 명쾌한 답을 줄 수 없으면서도 "모르겠다."거나 "그런 시시한 생각은 하지 않아도 돼."라면서 화를 내는 일이 없었다.

"글쎄, 왜 그럴까? 커서 공부하면 아마 알 수 있을 거야."

어머니는 생각하는 기쁨을 어린 헤이스케가 체험을 통해 습득하도록 가르쳤다. 물론 어머니가 의도적으로 그런 것은 아니었다. 헤이스케 자신이 학식 없는 평범한 어머니에게서도 배우려는 자세를 가진 긍정적인 인물이었기에 뒷날 어머니에 대해 이러한 평가를 내렸던 것이다.

그의 중·고등학교 시절은 매우 혼란스러운 시기였다. 전쟁을 치른 시대였기 때문에 모든 체제가 정해지지 않은 어수선한 분위기였다. 교과 과정도 마찬가지였는데 그것이 오히려 헤이스케에게는 많은 도움이 되었다. 수학을 담당하는 선생님도 여러 번 바뀌었고 그때마다 같은 것을 되풀이하는 경우가 많았다. 이때 헤이스케는 수학 문제 하나하나를 긴 시간을 두고 생각할 여유를 가질 수 있었으며 막연하나마 수학에서 무엇이 중요한지 그리고 수학의 본질이 무엇인지 깨닫게 되었다. 그러나 그는 아직도 수학에 인생을 걸 만큼 수학에 대한 흥미나 자신감을 갖지는 못하고 있었다. 오히려 수학보다는 음악에 더 커다란 흥미를 느꼈다. 그러나 점차 음악에 별 재능이 없다고 생각하게 되었고 그는 숙부의 영향을 받아 수학에 열중하기 시작했다.

대학에 들어간 헤이스케는 전공으로 물리와 수학을 놓고 고민하다가 3학년이 되어서야 비로소 수학을 공부하겠다고 결심했다. 수학이라는 학문을 알게 되자마자 수학자가 되었던 다른 천재 수학자들과는 달리, 수학을 좋아하고 적성에 맞는다는 것을 느끼면서도 여러 번의 시행착오를 되풀이한 뒤에야 수학자로서 살아갈 결심을 했던 것이다.

그러나 수학자의 길은 고난과 좌절의 연속이었다. 대학을 졸업하고 대학원에 들어갔지만 매년 산더미같이 발표되는 수많은 우수한 논문에 압도당한 헤이스케는 자기처럼 평범한 사람이 논문을 쓴다는 것은 멍청한 짓이라고 생각했다.

대학원에 다니던 어느 여름날, 어린 소녀에게 아저씨라고 불리는 자기 자신을 보고 스스로 나이를 먹었다고 생각하게 되었다. 그리고 그 나이에 걸맞는 역할을 해야겠다고 결심하고 자신의 것을 창조해야겠다는 의지로 논문을 쓰기 시작했다. 그러나 첫 번째 논문은 보기 좋게 혹평을 받았다. 그의 글은 인용한 참고 논문에 이미 나와 있는 아이디어들로, 새로울 게 없는 글이라는 것이었다. 창피하고 곤혹스러운 느낌도 들었지만 그는 다른 사람들과 달리 이를 전화위복의 계기로 삼았다. 논문 작성법을 알았다는 것과 다음 논문은 이번 것보다 더 좋아질 수 있다는 자신감,

그리고 무엇보다 나름대로 착상을 키우려는 창조의 자세가 중요했다고 자평하며 계속 정진했다.

1957년, 교토 대학의 초빙 교수로 와 있던 자리스키 교수와의 친분으로 헤이스케는 하버드 대학으로 유학을 떠났다. 하버드의 수많은 천재들 속에서 배운 첫 번째 교훈은 체념이었다. 결코 다른 사람을 질시하지 않고 오직 자신과의 싸움에만 집중하는 그의 학문 자세는 더욱 나은 창조의 길로 들어서는 밑거름이 되었다. 하나의 연구에 2년 동안을 매달렸지만 그것이 헛된 시간이었다는 것을 깨달은 순간 그는 좌절하는 대신 새로운 교훈을 얻는다. 그것은 상대방의 입장에 서서 상대방과 일체가 되어 생각하는 겸손한 마음을 가져야 한다는 교훈이었다. 상대방과 일체가 되어 생각하면 자기가 상상도 하지 못했던 문제의 원인이, 자기 혹은 상대방 안에서 발견될 때가 있음을 깨달은 것이다.

하버드 대학에서 학위를 받고 브렌다이스 대학에 자리를 잡은 뒤에도 헤이스케는 그 전부터 연구해 오던 대수기하학의 '특이점 해소'라는 문제에 몰두했다. 대수기하학은 방정식에 의해 정의된 도형의 구조를 해명하는 것을 목적으로 탄생하여 발전해 온 학문이다. 일찍이 데카르트는 x축, y축이라는 좌표축을 고안하여, 여러 가지 도형을 대수방정식으로 변환할 수 있게 만들었다. 거꾸로 좌표축을 이용하여 복잡한 방정식을 도형으로 만들 수도 있었다. 대수기하학은 이런 방정식을 연구하는 학문이라고 할 수 있다.

헤이스케가 관심을 가졌던 '특이점 해소'란 문제를 간단히 설명하기

위해 유원지의 놀이기구인 롤러코스터를 예로 살펴보자. 롤러코스터의 궤도는 매우 복잡한데, 선과 선이 복잡하게 교차되는 어떤 부분은 뾰족한 모양을 이루고 있다. 이 뾰족한 점을 대수기하학에서는 '특이점'이라고 한다. 이 점은 대수방정식의 도형에서 많이 생기는데, 수학의 실용적 측면에서 보면 매우 불편하고 까다로운 존재이다.

헤이스케는 바로 이 특이점이 있는 도형을 특이점이 없는 도형으로 변환시킨 주인공이다. 그리고 이것이 계기가 되어 1964년 뉴욕 컬럼비아 대학의 교수가 되었으며 1970년에는 드디어 수학의 노벨 상이라는 필드 상을 수상하게 된다. 그 뒤 하버드 대학의 교수가 되고 나서 7년이 흐른 1975년, 일본의 문화 훈장을 받는다. 그는 자신이 다녔던 초등학교에서 600명의 어린 후배들에게 다음과 같은 짧은 강연을 했다.

“나를 가리켜서 재주가 뛰어나다든가 두뇌가 명석하다고 말해 주시는 것은 대단히 기쁩니다만, 그것은 사실이 아닙니다. 히로나카 헤이스케는 뛰어난 노력가일 뿐입니다.”

자신이 수학에서 이룬 업적은 천재적인 머리가 아니라 노력과 끈기였다는 그의 솔직한 고백이었다.

수학은 발견하는 것이라는 주장의 이면에서 우리는 저 옛날 고대 그리스의 플라톤이 우리를 지켜보고 있다는 걸 느낄 수 있다. 기원전 428년에서 348년까지 살았다는 그리스 시대의 대표적인 철학자 플라톤은 다음과 같은 글을 남겼다.

"우리가 전력을 다해야 할 것은 우리 사회의 지도자가 되려는 사람은 수학을 공부해야 한다는 사실이다. 그것도 단순한 아마추어로서가 아니고 지성을 가지고 수의 성질을 이해할 수 있을 때까지 그 작업을 수행해야 한다. ……수학은 눈에 보이거나 만질 수 있는 사물을 논쟁에 끌어들이기를 거부하고 추상화된 수에 관하여 추론하도록 영혼을 부추기는 위대한 힘을 가지고 있다."

물론 현재 우리로서는 플라톤이 말하는 수에 대한 연구가 무엇을 의미하는지, 또 그것을 어떻게 가르칠 수 있는지에 대해서 아는 바가 없다. 오히려 플라톤은 기하학을 더 강조했던 것 같다. "기하학을 모르는 자는 이곳에 들어오지 말라."라고 쓴 간판을 자신의 학교 입구에 내걸었다는 이야기는 너무나도 유명하다. 그러나 기하학에서 그가 중요하게 다루었던 것은 삼각형이나 원과 같은 도형의 성질이 아닌 정확한 정의, 분명한 가정 그리고 논리적인 증명이었다.

플라톤의 이러한 수학관은 유토피아를 지향하는 그의 이데아관에서 비롯된 것이다. 감각을 통해 지각하는 우리를 둘러싼 물질세계는 끊임없이 변화를 거듭하는 신뢰할 수 없는 세계이다. 감각에 의해 지각되는 물질세계는 신기루와 같기 때문에 우리는 감각을 통해 항상 이데아의 그림자인 허상만을 보고 있다는 것이 플라톤의 주장이다.

"수학을 공부한다는 것은 눈에 보이는 형태를 이용하여 그에 대한 추론을 하는 것이지만 그렇다고 반드시 이들에 대해 사고하는 것은 아니다. 다만 이들과 닮은 이상적인 것에 대해 사고하는 것이다. 따라서 수학자들은 오로지 마음의 눈으로만 볼 수 있는 사물 자체를 바라보려고 노력한다."

결국 수학은 창조하는 것이 아니라 발견하는 것이라는 주장은, 그 옛날 플라톤이 그렇게도 갈망해 마지않았던 이데아의 세계를 발견하려는 시도와도 같다. 그런 면에서 수학자들은 모두 플라톤주의자들이라 할 수 있다. 자신은 플라톤주의가 아니라고 항변하는 수학자도, 수학 연구에서 추구하고 있는 바가 그림자에 가려 그동안 자신이 보지 못했던 그 무엇을 발견하는 것이라는 사실은 부인할 수 없을 것이다. 그러므로 수학은 배우는 것이 아니다. 1+1=2라는 사실은 누가 그렇게 말했다 하여 옳은 것이 아니다. 자신이 진실로 그렇게 느껴야만 옳은 것이다.

수학은 결코 다른 사람에게서 전수받는 학문이 아니다. 자신이 직접 수학의 바다에 뛰어들어 헤엄치고 잠수하는 법도 배우면서 동시에 수학의 바다에 펼쳐진 보물을 직접 채취해야만 한다. 수학 교사는 수학을 가르치는 것이 아니라 그러한 활동을 옆에서 지켜보며 도와줄 뿐이다. 아니 이제는 그렇게 바뀌어야만 할 것이다.